Chris Brügger · Michael Hartschen · Jiri Scherer

simplicity.
Prinzipien der Einfachheit

Chris Brügger
Michael Hartschen
Jiri Scherer

simplicity. Prinzipien der Einfachheit

Stategien für einfache
Produkte, Dienstleistungen
und Prozesse

Bibliografische Information der Deutschen Nationalbibliothek

Die Deutsche Nationalbibliothek verzeichnet diese Publikation
in der Deutschen Nationalbibliografie; detaillierte bibliografische
Daten sind im Internet über http://dnb.d-nb.de abrufbar.

ISBN 978-3-86936-245-8

Lektorat: Sabine Rock, Frankfurt am Main | www.druckreif-rock.de
Umschlaggestaltung: Martin Zech, Bremen | www.martinzech.de
Satz und Layout: Lohse Design, Heppenheim | www.lohse-design.de
Druck und Bindung: Salzland Druck, Staßfurt

3. Auflage 2013

www.gabal-verlag.de
Abonnieren Sie den GABAL-Newsletter unter:
newsletter@gabal-verlag.de

Inhalt

Einfachheit gewinnt!

„Einfachheit verlangt nach japanischer Auffassung sehr viel Arbeit.
Kompliziert sein ist einfach. "

Carlos Ghosn, CEO Renault-Nissan

Die Welt wird immer komplexer

Ein durchschnittlicher Nutzer von MS Word oder Excel nutzt vermutlich weniger als zehn Prozent aller Funktionen regelmäßig. Ein chinesisches Restaurant führt 85 Gerichte auf der Speisekarte. Das Marktforschungsinstitut A. T. Kearny macht – so der „Trendradar" des Gottlieb Duttweiler Instituts – für die vergangenen zehn Jahre einen Artikelzuwachs in deutschen Warenhäusern von 20 Prozent und mehr aus: 500 statt 400 verschiedene Kaffee-, Tee- und Kakaopackungen, 750 statt 580 Hygiene- und Säuglingspflegeartikel und 3400 statt 2600 Produkte für die Haar-, Haut-, Mund- und Körperpflege. Wer heutzutage bei einer Telefongesellschaft mit einem Menschen sprechen möchte, muss sich erst durch fünf Menüpunkte durchklicken. Viele Dinge des Alltags sind komplex und werden zunehmend komplexer.

Der Wettbewerb führt dazu, dass Produkte fortwährend zusätzliche Funktionen und Eigenschaften erhalten. Dienstleistungen werden ausgebaut und in unterschiedlichsten Varianten und Päckchen angeboten. Prozesse werden in einer vernetzten Welt vielfältiger und haben mehr Schnittstellen. Die zunehmende Komplexität hat auch einige negative Effekte: hoher Zeitaufwand, größere Fehleranfälligkeit, mehr Schulungs- und Einarbeitungszeit, Mehraufwand für den Unterhalt, mehr Kundenfragen und Reklamationen. Im „Trendradar" des Gottlieb Duttweiler Instituts sind die folgenden zwei Beispiele beschrieben:

Komplexität killt Diät

Je komplizierter eine Diät, umso schneller wird sie abgebrochen. Zu diesem an sich wenig überraschenden Ergebnis kam eine wissenschaftliche Untersuchung. Das Max Planck Institut für Ernährungsforschung und die Indiana-Universität in Bloomington beobachteten knapp 400 Frauen, die entweder eine „Brigitte"- oder eine Weight-Watchers-Diät machten. Ergebnis: Die „Brigitte"-Diät mit ihren einfachen Regeln schnitt deutlich besser ab als das kompliziertere Weight-Watchers-Punktesystem. Denn komplexe Diäten sind zwar flexibler, verlangen von den Teilnehmern aber, dass sie sich Daten der konsumierten Lebensmittel merken und sie verknüpfen. Das schaffen nur wenige Diätwillige, selbst Menschen mit großem Ehrgeiz und Disziplin halten ein anspruchsvolles Diätkonzept oft nicht durch. Auf Unternehmen übertragen, müsste demnach jedes Mitarbeiter-, Kunden- oder Change-Management-Programm zum Scheitern verurteilt sein, wenn es komplexer ist als eine „Brigitte"-Diät.

Die „gut genug"-Revolution

Computer, TV, Backofen oder Mobiltelefon – für Technisches galt bislang stur: „Mehr ist besser." Jede neue Gerätegeneration trumpfte mit zusätzlichen Features auf. Doch nun zeichnet sich eine Trendwende ab, „Wired" als Zentralorgan der Technik- und Gadget-Lovers verkündet die „Good Enough Revolution". Eine steigende Zahl von Kunden würde einfachere und billigere Low-End-Produkte den perfektionierten, polierten und komplizierten High-End-Versionen vorziehen. So kauften immer mehr Menschen eine einfache, günstige „Flip Ultra" statt einer hochauflösenden Marken-Videokamera, schauten Videos auf dem Computer statt auf HDTV, telefonierten mit Skype und tauschten Microsoft-Office und Outlook gegen Gmail oder Google-Text ein. Zwar bleibe Qualität wichtig, doch wird sie neu verstanden als das Unkomplizierte und leicht Zugängliche. Die Basisversionen von Webtools wie Flickr oder Doodle werden zum Ideal, die kostenpflichtigen Upgrades zur unnötigen Spielerei.

Machen wir die Dinge wieder einfach

Einfache Dinge brauchen weniger Erklärung, funktionieren besser und fördern die Zufriedenheit. Einfachheit geschieht jedoch nicht automatisch. Es braucht große Anstrengungen, Dinge einfacher zu machen. Doch was genau ist Einfachheit? Was ist der Nutzen von Einfachheit und wie kann Einfachheit erreicht werden?

Was ist Einfachheit?

Einfachheit ist dann erreicht, wenn Sie die folgenden oder ähnliche Aussagen von Kunden, Lieferanten, Anwendern oder Kollegen hören:

Synonyme für Einfachheit sind Klarheit, Leichtigkeit, Primitivität, Unkompliziertheit, Verständlichkeit oder Simplizität. Der englische Begriff „Simplicity" bringt es am besten auf den Punkt und daher haben wir ihn auch als Buchtitel gewählt.

Der Begriff „Lean Management" wird auch oft im Zusammenhang mit Einfachheit genannt. Lean Management bedeutet in der deutschen Übersetzung „schlankes Management" und zielt darauf ab, die gesamte Wertschöpfungskette industrieller Güter effizienter zu gestalten. Einfachheit, wie sie in diesem Buch beschrieben wird, ist aber weitaus mehr. Auch Produkte und Dienstleistungen stehen hier im Fokus.

Was bedeutet für Sie Einfachheit?

weniger ist mehr

Nutzen von Einfachheit

Was ist denn nun der Nutzen von einfachen Produkten, Dienstleistungen und Prozessen? Warum sollen Dinge einfacher gemacht werden? Dafür gibt es gute Gründe:

- Kaufentscheidungen für einfache Produkte fallen schneller.
- Einfache Produkte werden besser verstanden.
- Einfache Werkzeuge sind in der Handhabung sicherer und es passieren weniger Fehler.
- Einfache Systeme sind schneller implementiert, adaptiert und weniger fehleranfällig.
- Ein Preismodell, das leicht verständlich ist, wird von den Kunden schneller akzeptiert.
- Einfache Dienstleistungen werden eher in Anspruch genommen als Dienstleistungen, die einen hohen Erklärungsbedarf haben.
- Ist ein Produkt oder eine Dienstleistung selbsterklärend, wird der Kundendienst weniger beansprucht und es entstehen weniger Kosten.
- Einfache Prozesse sind für alle verständlich und werden entsprechend schneller eingeführt.
- Systeme lassen sich einfacher weiterentwickeln und man kann leichter darauf aufbauen.

Sehen Sie weitere Vorteile von einfachen Produkten, Dienstleistungen und Prozessen?

Bessere Übersicht

Für wen soll etwas einfacher werden?

Am Anfang muss unbedingt festgelegt werden, für wen etwas einfacher gemacht werden soll: Für die Kunden? Für die Mitarbeiter? Für die Wähler? Für die Lieferanten? Für die Partnerunternehmen? Für die Kinder? Einfachheit kann durchaus auch bedeuten, dass es für die eine Gruppe zwar einfacher wird, für eine andere jedoch komplexer. Nicht immer wird dabei eine Win-win-Situation erreicht.

Was soll für wen einfacher werden?

Wie kann Einfachheit erreicht werden?

Einfachheit wird erreicht, wenn Produkte und Prozesse beziehungsweise Teile davon entschlackt, restrukturiert, ersetzt oder ergänzt werden. Das detaillierte Vorgehen, wie Dinge vereinfacht werden können, wird in den folgenden Kapiteln beschrieben und bildet den Hauptteil des Buches.

Einfachheit zu erreichen kann kurzfristig sehr kostenintensiv sein, wenn zum Beispiel ganze Produktpaletten neu gestaltet werden müssen. Langfristig muss die erreichte Einfachheit die finanzielle Investition in Form von Mehrverkäufen oder weniger Reparaturen wieder einspielen.

....

Funktionalitäten versus Einfachheit

Manchmal sollte man auch bereit sein, Abstriche zu machen, wenn das Ziel Einfachheit ist. Oft muss im Sinne der Einfachheit auf eine Funktionalität verzichtet werden, die zwar gut ist, die Komplexität aber wesentlich erhöht. Hier ist die zentrale Frage: Wird durch die neue Einfachheit mehr gewonnen, als durch die Abstriche verloren geht?

....

Das schlechte Image von Einfachheit

Der Begriff „einfach" ist im Deutschen wie auch in anderen Sprachen oft negativ besetzt. Eine „einfache Person" ist eine eher einfältige Person. „Simple-minded", wie es im englischen Sprachgebrauch verwendet wird, sagt das Gleiche aus.

Ein einfaches Gericht scheint weniger wert zu sein als ein komplexes, aufwendiges Menü – obwohl das einfache Gericht dem Gast vielleicht besser schmeckt. Ein Fachartikel, der in einer sehr komplizierten Fachsprache verfasst wurde, wirkt intelligenter als ein Text in einfacher Sprache und mit anschaulichen Beispielen. Ein Marketingleiter spricht von strategischen Erfolgsfaktoren, Key Performance Indicators, Target Groups und Brand Awareness, statt die Dinge beim Namen zu nennen.

Viele Menschen versuchen sich mit Komplexität wichtig zu machen oder ihre Unsicherheit hinter Komplexität zu verstecken. Man hat Angst davor, etwas einfach darzustellen. Denn wenn etwas (zu) einfach ist, dann könnte das ja jeder!

Wo haben Sie schon erlebt, dass Dinge bewusst komplizierter gemacht werden, als sie sind?

Apps, PC-Programme,
Produktdesign, Bücher

Der Baum der Einfachheit

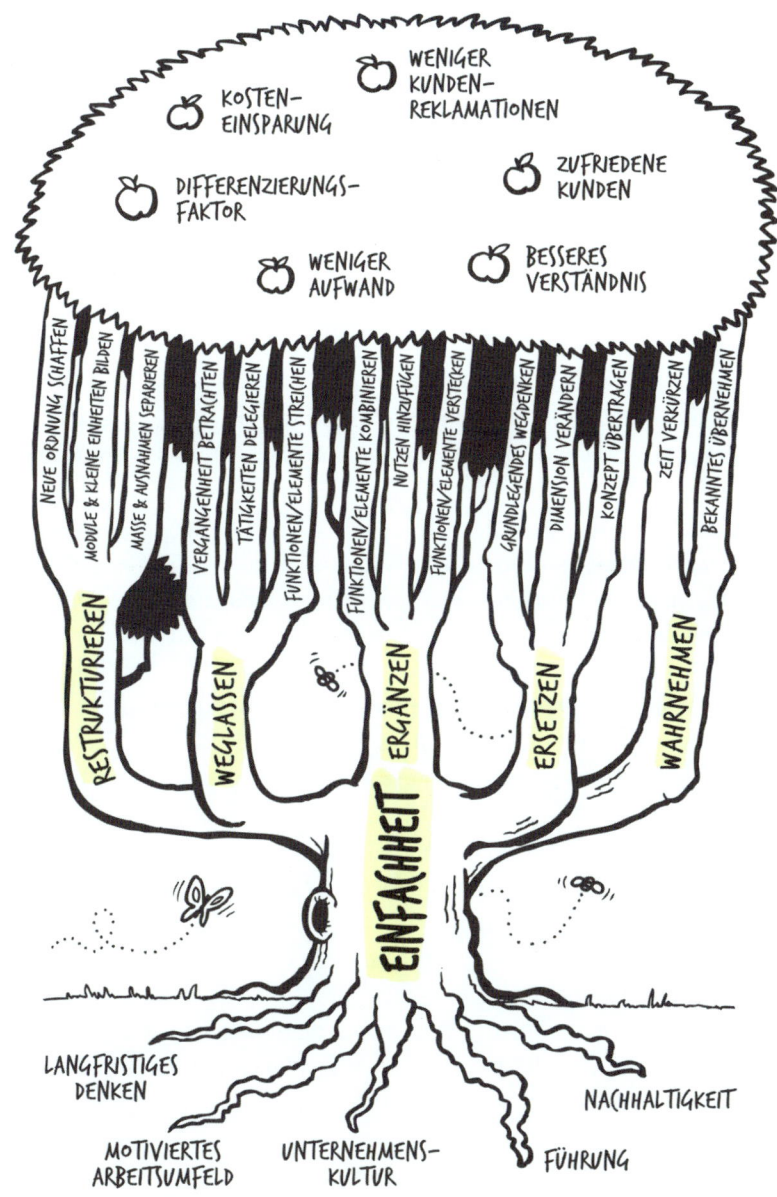

Einfachheit lässt sich mit einem Baum mit all seinen Bestandteilen vergleichen: mit Wurzeln, einem Stamm, Haupt- und Nebenästen, Früchten und einer dazugehörigen Tierwelt. Die Wurzeln nehmen die Nährstoffe auf und leiten diese über den Stamm in die Äste weiter. Sie stehen für die Unternehmenskultur und die Strategie. Der Stamm repräsentiert in diesem Bild die Unternehmensführung und die Mitarbeiter, die die Strategie der Einfachheit umsetzen. Die fünf Vereinfachungsprinzipien werden durch die Hauptäste symbolisiert, während die kleineren Nebenäste die jeweiligen Strategien darstellen. Die Früchte stehen für einfache Produkte, Dienstleistungen und Prozesse als Resultat der Vereinfachung. Die Tierwelt wie auch die Menschen profitieren von den Früchten des Baumes.

Wurzeln = Strategie und Unternehmenskultur

Das Bekenntnis aller Mitarbeiter eines Unternehmens zur Einfachheit kann nur aus einer entsprechenden Unternehmenskultur erwachsen. Einfachheit muss im Unternehmen als Teil der Strategie und als echter Nutzen betrachtet werden. Das Management und die gesamte Belegschaft müssen davon überzeugt sein, dass einfache Produkte, Dienstleistungen und Prozesse langfristig erfolgreicher sein werden.

Baumstamm = Unternehmensführung und Mitarbeiter

Das Management muss geeignete Rahmenbedingungen für die Umsetzung der Einfachheitsstrategie schaffen, das ist seine Verantwortung. Es gibt Strukturen, Ziele und Verhalten vor. Die Mitarbeiter ihrerseits sind dafür verantwortlich, innerhalb der gesetzten Rahmenbedingungen einfache Produkte und Prozesse zu entwickeln beziehungsweise Bestehendes zu vereinfachen.

Hauptäste = Prinzipien

Die Hauptäste stellen die fünf Prinzipien dar. Die Äste tragen die Nährstoffe zu den Blättern und Früchten. Sie sind die Lebensadern des Baumes.

Nebenäste = Strategien

Die Nebenäste symbolisieren die verschiedenen Vereinfachungsstrategien. Jedes Prinzip wird durch zwei bis drei Strategien unterstützt.

Früchte = einfache Produkte, Dienstleistungen und Prozesse

Die Früchte einer Vereinfachung sind immer einfache Produkte, Dienstleistungen und Prozesse, die im Unternehmenserfolg münden.

Tierwelt = Nutzen von Einfachheit

Die Tiere wie auch der Mensch profitieren von der neuen Einfachheit. Diese führt zu weniger Aufwand, zufriedeneren Kunden, weniger Reklamationen, weniger Stress, weniger Fehlern und zu besseren Produkten.

Samen = Grundlage für weitere Vereinfachungen

Aus den Samen der Früchte entstehen neue Bäume. Der Kreislauf von einfachen Produkten, Dienstleistungen und Prozessen führt zu weiteren Vereinfachungsinnovationen.

Der Baum der Einfachheit muss regelmäßig gepflegt und gedüngt werden. Die Einflüsse der Erde, des Wassers, der Luft, der Sonne und der Witterung sowie der Tierwelt müssen mit dem Baum zusammenspielen. Sonst können keine saftigen Früchte entstehen.

Die fünf Prinzipien und deren Strategien

Dieses Buch stellt fünf Prinzipien und 14 Vereinfachungsstrategien vor. Jedes Prinzip umfasst zwei bis drei Strategien, welche dem Leser als Handlungsanweisungen dienen. Also: Was kann konkret getan werden, um einen bestehenden Prozess, ein Produkt, eine Dienstleistung oder ein Geschäftsmodell zu vereinfachen?

Alternativ für „Vereinfachungsstrategie" könnten auch die Begriffe „Vereinfachungsaktion" oder „Vereinfachungsmaßnahme" verwendet werden.

Prinzip	Strategien	Oder im Volksmund
Restrukturieren	■ Neue Ordnung schaffen	■ *Räum mal wieder dein Büro auf!*
	■ Module und kleine Einheiten bilden	■ *Die Lego-Strategie*
	■ Masse und Ausnahmen separieren	■ *Extrawürste extra behandeln*
Weglassen	■ Vergangenheit betrachten	■ *Alte Zöpfe abschneiden*
	■ Tätigkeiten delegieren	■ *Warum immer ich?*
	■ Funktionen/Elemente streichen	■ *Über Bord werfen*
Ergänzen	■ Funktionen/Elemente kombinieren	■ *Aus zwei mach eins.*
	■ Nutzen hinzufügen	■ *Darf es etwas mehr sein?*
	■ Funktionen/Elemente verstecken	■ *Ich sehe was, was du nicht siehst!*
Ersetzen	■ Grundlegendes wegdenken	■ *Die Flügel stutzen*
	■ Dimension verändern	■ *Bigger, better, faster*
	■ Konzept übertragen	■ *Der Sache auf den Grund gehen*
Wahrnehmen	■ Zeit verkürzen	■ *Tempo, Tempo*
	■ Bekanntes übernehmen	■ *Was der Bauer (nicht) kennt ...*

Der Aufbau des Buches

Zu Beginn jedes Kapitels wird jeweils das Prinzip kurz vorgestellt. Nach dem Prinzip werden die zwei bis drei dazugehörenden Strategien erläutert und mit unterschiedlichen Beispielen illustriert. Zum Schluss jedes Kapitels sind die Leser gefordert: Ein Beispiel und eine Transferübung für den eigenen Arbeitsbereich sollen das Gelernte vertiefen.

Für jede Strategie sind die Einsatzmöglichkeiten anhand einer einfachen Bewertungsskala aufgezeigt. Wir unterscheiden, ob sich die Strategien eher für die Vereinfachung von Produkten, von Prozessen/Dienstleistungen oder von Geschäftsmodellen eignen.

Produkte	✷ ✷ ✷
Prozesse/Dienstleistungen	✷ ✷ ✷
Geschäftsmodelle	✷ ✷ ✷

3 Sterne	Sehr gut geeignet
2 Sterne	Gut geeignet
1 Stern	Könnte sich eignen
0 Stern	Nicht geeignet

Im letzten Kapitel geht es darum, wie der Leser selber einen Workshop zum Thema Einfachheit in seinem Umfeld durchführen kann. Es wird ein strukturiertes Vorgehen vorgestellt. Der Leser erhält Tipps und Tricks für die Ideenauswahl und Weiterentwicklung.

Die dargestellten Prinzipien und die Strategien wurden aus unterschiedlichen Erkenntnissen abgeleitet und weiterentwickelt. So wurden aktuelle Trends und Studien analysiert und mit eigenen Erfahrungen reflektiert. Es wurden auch neue Produkte und Dienstleistungen genauer untersucht und hinterfragt, wie diese zum Beispiel unser Leben vereinfachen. Es gibt gleichfalls schon vereinzelte Veröffentlichungen zum Thema Einfachheit. Im Speziellen erwähnen wir hier die Werke von Edward de Bono und John Maeda, aus denen wir gewisse Denkanstöße erhielten, neue Aspekte entwickelten und einen Praxisbezug herstellten. Von de Bono wurden die Begrifflichkeiten „Shift and Delegate", „Provocative Amputation", „Bulk and Exception" und „Modules and Small Units" übernommen und weiterentwickelt.

Der Vereinfachungsprozess

Um effizient zu Vereinfachungsideen zu kommen, schlagen wir einen Prozess in sechs Schritten vor:

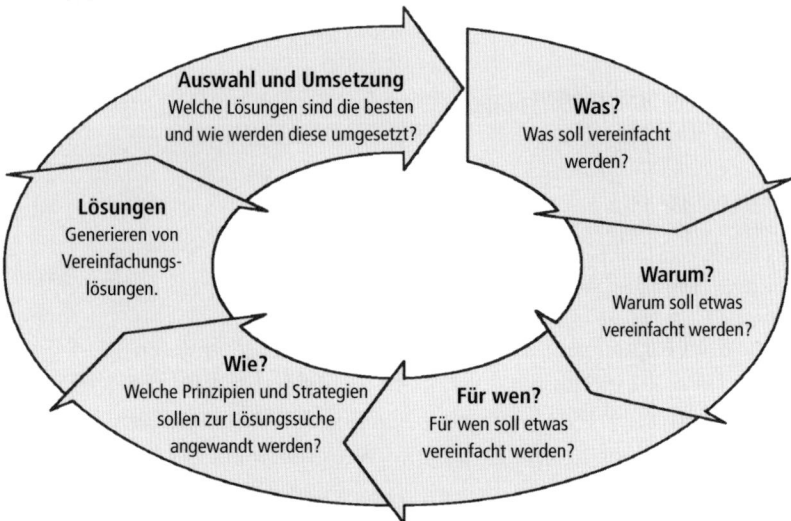

1. Was soll vereinfacht werden?
Um was geht es genau? Steht ein Produkt, eine Dienstleistung, ein Prozess, ein Geschäftsmodell oder eine Organisation im Fokus der Bemühungen um Einfachheit?

2. Warum soll etwas vereinfacht werden?
Was ist der Grund für die Vereinfachung? Soll die Bedienung für den Nutzer vereinfacht werden? Oder ist es das Ziel, die Herstellungskosten zu senken? Soll der Schulungsaufwand halbiert werden? Will man die Fehleranfälligkeit reduzieren? Soll der Gegenstand mehrfach einsatzfähig sein? Soll der Prozess beschleunigt werden? Muss man die Verständlichkeit erhöhen?

3. Für wen soll etwas einfacher werden?
Soll etwas für alle Kunden oder nur für gewisse Kundengruppen, das Unternehmen, die Lieferanten oder die Mitarbeiter einfacher werden?

Beispiel Onlinebanking:

Früher konnten Kunden ihre Zahlungsbelege sammeln, in einen Briefumschlag stecken und ihrer Bank schicken. Die Bank hat die Zahlungen anschließend erfasst und ausgeführt. Das war eine ganz einfache und komfortable Lösung für die Kunden.

Mit dem Aufkommen des Internets wurde die Arbeit mehrheitlich den Kunden übertragen. Man kann oder muss jetzt seine Zahlungen selber erfassen. Die Frage ist nun: Für wen wurde etwas einfacher? Für die Kunden oder die Bank?

Bank: *In diesem Beispiel wurde offensichtlich für die Bank etwas vereinfacht, da sie die Zahlungen nicht mehr erfassen muss. Die gesamte Arbeit wurde an die Kunden delegiert.*

Kunden: *Gewisse Kundengruppen haben aber trotz des Mehraufwands ein gewisses Maß an Einfachheit gewonnen. Kunden sehen nun tagesaktuell den Kontostand. Sie können Daueraufträge erfassen und Börsengeschäfte schneller abwickeln. Für ältere Menschen wurde das Ganze jedoch oftmals wesentlich komplizierter.*

4. Welche Prinzipien und Strategien sollen zur Lösungssuche angewandt werden?

Die im Buch beschriebenen Strategien können bildlich als verschiedene Werkzeuge in einer Werkzeugkiste verstanden werden. Je nachdem, was es zu vereinfachen gilt, kommen unterschiedliche Werkzeuge zum Einsatz. Manchmal führt die Strategie *Tätigkeiten delegieren* zum Ziel. Vielleicht ist es aber auch die Strategie *Konzept übertragen* oder *Dimension verändern,* die zur Einfachheit führt. Meist ist es nicht auf den ersten Blick ersichtlich, welche Strategie am ehesten Erfolg verspricht. Es lohnt sich, eine Aufgabenstellung mit unterschiedlichen Strategien zu bearbeiten.

Je nach Themenstellung werden verschiedene Werkzeuge eingesetzt.

Bei der Auswahl der passenden Strategien ist die Bewertungsskala mit Sternen, die am Schluss jeder Strategiebeschreibung steht, hilfreich.

5. Generieren von Vereinfachungslösungen

Die ausgewählten Strategien können allein oder im Team angewendet werden. Die Lösungen zur Vereinfachung werden im Plenum gesammelt.

....

Achtung neue Ideen!

Wir haben über die Jahre festgestellt, dass bei Vereinfachungsworkshops oft neue Ideen hervorgebracht werden, die zwar gut sind, jedoch nichts einfacher machen. Neue Ideen führen oft wieder zu mehr Komplexität und das ist ausdrücklich nicht das Ziel. Hier gilt es, die neuen Ideen nicht zu verlieren, den Fokus aber auf die Ideen zu legen, die tatsächlich etwas einfacher machen.

....

6. Welche Lösungen sind die besten und wie werden diese umgesetzt?

Aus den gefundenen Vereinfachungslösungen werden die besten Ideen ausgewählt und mit einem „Vereinfachungssteckbrief" beschrieben und verfeinert. (Eine Vorlage für einen solchen Steckbrief ist im letzten

Kapitel enthalten.) Die Steckbriefe werden verglichen und priorisiert. Welche Lösungen bringen viel und können schnell für wenig Geld umgesetzt werden? Für welche gibt es weiteren Klärungsbedarf? Welche werden zurückgestellt?

Verschiedene Wege führen nach Rom

Es ist gut möglich, dass zwei unterschiedliche Strategien zum genau gleichen Ziel sprich zur gleichen Vereinfachung führen. Die Strategien können zum Teil nicht immer klar abgegrenzt werden. Das Ziel besteht ja nicht darin, klar abgegrenzte Strategien zu haben, sondern mit den unterschiedlichen Strategien Vereinfachung zu erreichen.

Die Strategien könnten mit Scheinwerfern verglichen werden, die eine Bühne beleuchten. Die Scheinwerfer sind an unterschiedlichen Orten in der Konzerthalle angebracht und jeder leuchtet einen Teil der Bühne aus. Es gibt aber immer auch kleinere und größere Überschneidungen der Leuchtkegel.

Jede Strategie hat einen leicht anderen Blickwinkel.

In den folgenden Kapiteln werden nun die fünf Prinzipien der Einfachheit und die dazugehörenden Strategien näher betrachtet.

Prinzip Restrukturieren

„Erfahrung heißt gar nichts. Man kann seine Sache auch 35 Jahre schlecht machen."

KURT TUCHOLSKY (1890–1935)

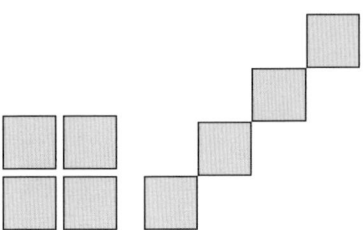

Der Begriff „Restrukturieren" hat in gewisser Weise einen schweren Stand. Wirtschaftsführer verwenden ihn gerne im Zusammenhang mit Sparen und Kostensenkung, um eine Profitsteigerung für das Unternehmen zu erreichen. Das Prinzip des Restrukturierens hat jedoch eine viel mächtigere und positivere Wirkung. Es bedeutet auch einen Aufbau oder Ausbau. Mehrwert schaffen, die Zufriedenheit vergrößern, Differenzierung oder auch Einzigartigkeit – all das kann ein Ergebnis von Restrukturierung sein. Das Vereinfachen durch gezieltes Restrukturieren kann ganze Branchen und Gewohnheiten revolutionieren. So werden heute im Hausbau Fertigbauteile aus Beton verwendet, die früher vor Ort auf der Baustelle gegossen worden sind, zum Beispiel Treppen oder ganze Abwasserleitungen. Hier wurde der Ablaufprozess neu strukturiert und das hatte auf die angrenzenden Tätigkeiten inklusive der Planung einen sehr großen Einfluss. Durch die Fertigung an einem Ort konnten die Abläufe vereinfacht und die Montage standardisiert werden.

Die Grundidee dieses Prinzips ist sowohl auf Prozesse als auch auf Produkte und Dienstleistungen anwendbar. Im Zentrum steht die Idee, Bestehendes zu hinterfragen, auch wenn etwas anscheinend gut funktioniert.

Definition
Eine Reihenfolge oder Zusammensetzung wird geändert, Teilschritte oder Funktionen werden neu gegliedert oder Prioritäten neu gestaltet.

Neben einer Zeitersparnis strebt dieses Prinzip oft parallel eine effiziente Gestaltung von Produktvarianten an, was häufig vernachlässigt wird.

Das Prinzip der Restrukturierung baut in vielen Fällen auf bestehenden Erfahrungen auf. Erfahrungswissen wird dabei bewusst mit neuen Sichtweisen konfrontiert, um etwas einfacher zu gestalten.

Strategien für die Umsetzung des Prinzips *Restrukturieren* sind:
- Neue Ordnung schaffen *(Räum mal wieder dein Büro auf!)*
- Module und kleine Einheiten bilden *(Die Lego-Strategie)*
- Masse und Ausnahmen separieren *(Extrawürste extra behandeln)*

Strategie: Neue Ordnung schaffen

Räum mal wieder dein Büro auf!
Ordnung soll nicht rein zufällig entstehen. Sie verfolgt eine klare Zielsetzung. Um etwas zu vereinfachen, ist es daher legitim, die bestehende Ordnung grundsätzlich zu hinterfragen. Der Anstoß dazu können erkannte Probleme sein. Das ist aber nicht zwingend notwendig. Alleine die Tatsache, dass sich das Umfeld und Technologien weiterentwickeln, erfordert eine ständige Überprüfung der bestehenden Zusammenhänge und Prozesse.

Bestehende Elemente oder Funktionen werden in der Anordnung oder Prozessfolge überprüft und neu geordnet.

Elemente oder Funktionen neu zu ordnen, ist eine breit einsetzbare und oft angewendete Strategie. Sie eignet sich sehr gut als Einstieg in das Thema Vereinfachung.

Bei einem radikalen Ansatz werden die Funktionen oder Teilschritte grundsätzlich infrage gestellt. Der weniger aufwendige Ansatz ändert lediglich eine Reihenfolge oder fasst Funktionen zusammen.
Impulsfragen für die Strategie *Neue Ordnung schaffen*:

- Welche Umweltfaktoren haben sich verändert und welche Auswirkung haben diese auf unsere Struktur?
- Welche Teilschritte gehören nicht zwingend zusammen?
- Welche Teilschritte müssen in der Reihenfolge immer gleich ablaufen, welche nicht?
- Können nachgelagerte Teilschritte vorgezogen werden?
- Können Wege, Wartezeiten, Varianten etc. parallelisiert oder integriert werden?
- Welche Funktionen können im Prozessablauf anderweitig kombiniert werden?
- Welche Funktionen können parallel erfolgen?
- Welche Funktionen können zu einer Gruppe zusammengefasst werden?
- …

Dienstleistung „Brille in einer Stunde"

Brillen – auch just in time!

Durch eine Verlagerung der Prioritäten entsteht ein neuer, für Kunden einfacherer Prozess. In einer kleinen, im Verkaufsraum integrierten Werkstatt werden die Brillengläser auftragsbezogen gefertigt – just in time! Lange Transportwege und Schnittstellen zwischen unterschiedlichen Firmen fallen weg und der Kunde erspart sich eine lange Wartezeit nach dem Kaufentscheid. Der gesamte Kaufabwicklungsprozess wird neu strukturiert und Funktionen werden zusammengefasst. Dieser Ansatz verlangt jedoch von den Mitarbeitern neue Kompetenzen und führt zu anderen Prioritäten.

Kurzwahltasten

Mehrere Tastenkombinationen werden bei elektronischen Geräten neu geordnet und zu einer neuen Taste zusammengefasst, wie zum Beispiel als „.de" oder beim iPhone „.com". So wird dort aus vier einzelnen Zeichen eine neue Taste. Auf der Tastatur wird eine neue Ordnung geschaffen. Die Reihenfolge der Tastenbedienung ändert sich und die Tastatur hat je nach Anwendungsfeld eine andere Priorität für ausgewählte Tasten. Eine Tastatur zum E-Mail-Schreiben sieht anders aus als eine Tastatur zum Schreiben von SMS. Weitere länderspezifische Tasten wie „.de", „.at" oder „.ch" wären ebenso möglich.

Das Ergebnis ist eine schnellere Bedienung und es gibt weniger Tippfehler. Der Bediener muss jedoch bereit sein, die Tastatur zukünftig nicht als statisches, sondern als dynamisches Objekt zu akzeptieren.

Bestellung im Restaurant

Schnelle Dienstleistung mit Elektronik – bestellen, essen, bezahlen.

Die Bestellabwicklung in einem Restaurant wird mit elektronischen Hilfsmitteln wesentlich beschleunigt und vereinfacht. Die Bestellung wird direkt in einem Eingabegerät erfasst und online an das Kassensystem und in die Küche übermittelt. Will der Kunde bezahlen, wird die Abrechnung von der Bedienung ausgelöst und der Kassenzettel wird am Tisch ausgedruckt. Die Wartezeiten für den Gast werden verkürzt und die Laufwege zur Kasse und Theke durch die Bedienung drastisch reduziert.

Einen ähnlichen Prozess gibt es bei den mobilen Speisewagen in Zugwaggons. Die Bestellung wird mit einem Handgerät erfasst, die Bezahlung erfolgt in bar oder mit Kreditkarte und die Rechnung wird mithilfe eines mobilen, mit Funkverbindung ausgestatteten Kleindruckers direkt ausgedruckt. Der Weg zur zentralen Kasse wegen einer Quittung entfällt.

Was allen diesen Beispielen gemeinsam ist: Funktionen werden mit anderen Hilfsmitteln realisiert und Teilschritte fallen weg oder werden neu geordnet. Dieser Service ist einfach, effizient und sehr flexibel. Eine klare Win-win-Situation für Kunde und Restaurant.

Reihenfolge der Tastenbedienung neu ordnen

Früher musste man bei der Kartenzahlung am Terminal zuerst den Betrag und danach den Geheimcode jeweils mit OK bestätigen. Mit einer neuen Menüführung und der Veränderung der Funktionsreihenfolge wird der Ablauf schneller und einfacher. Jetzt muss nur noch einmal OK für Betrag und Geheimcode gedrückt werden. Das Ergebnis: kürzere Wartezeiten und eine einfachere Menüführung für den Kunden und die Person an der Kasse.

Weitere Beispiele

- Ordnungssysteme für Kabel und Kabelbinder für Strom- und Netzwerkkabel schaffen eine gute Ordnung und Struktur unter dem Schreibtisch.
- Ein Stempelservice, bei dem der Stempel gleich mit einem Gutschein für die Herstellung des jeweiligen Texts verkauft wird.
- Industriebetriebe und auch Dienstleister restrukturieren ihre Abläufe regelmäßig, weil sich Anforderungs- und Produktstrukturen oder der Herstellprozess ändern. Die Anforderungen und Prioritäten ändern sich und eine neue Ordnung ist zur Vereinfachung sinnvoll.

Fazit

Es ist ratsam, sich in regelmäßigen Abständen Gedanken über ein neues Ordnungssystem zu machen. Ein bestehendes Ordnungssystem entwickelt sich ständig weiter und wird komplexer, wenn es nicht immer wieder neu hinterfragt wird.

Wenn sich Prozesse etabliert haben, werden sie als selbstverständlich angesehen; man hält sie für optimal, weil die Erfahrungen damit bislang gut waren. Das stellt aber gleichzeitig auch eine Gefahr dar, weil Gewohnheiten oftmals Barrieren für Veränderungen sind. Mögliche Chancen neu zu erkennen, das setzt häufig bisher versteckte Potenziale frei und schafft neuen Nutzen.

Einsatzmöglichkeiten der Strategie *Neue Ordnung schaffen*:
Produkte ✳ ✳
Prozesse/Dienstleistungen ✳ ✳ ✳
Geschäftsmodelle ✳ ✳ ✳

Die perfekte Fernbedienung

Zeichnen Sie die aus Ihrer Sicht optimale Fernbedienung, indem Sie Elemente oder Funktionen neu ordnen.

Eigenes Beispiel

Denken Sie an einen Prozess, der aus Ihrer Sicht kompliziert ist:

Fahrplan auskunf

Benennen Sie die Hauptfunktionen/Elemente dieses Prozesses:

Internet/Haltestelle Zug/Bus   Suchen

Wenden Sie die Strategie *Neue Ordnung schaffen* an, um den Prozess zu vereinfachen. Gibt es mehrere Varianten?

Klare deffinition der Haltestellen,
Übersicht

Was sind Ihre ersten Schlüsse daraus?

Für wen würde sich etwas vereinfachen?

Meine nächsten Schritte/Maßnahmen:

_____

_____

_____

_____

_____

_____

_____

_____

_____

_____

_____

_____

_____

_____

_____

_____

_____

_____

_____

Strategie: Module und kleine Einheiten bilden

Die Lego-Strategie
Es gibt Situationen, in denen immer wieder die Frage aufkommt: Wieso kann man dies oder jenes nicht trennen, um es einfacher zu gestalten? Was damit eigentlich gemeint ist: Die bestehende Aufteilung in Module oder Einheiten wurde für den Nutzer nicht sinnvoll realisiert und das soll sich ändern.

Jeder kennt Lego-Bausteine, die eine unendliche Vielfalt an Kreativität und Flexibilität zulassen. Durch eine geschickte Kombination von einzelnen Einheiten und die Gestaltung von Modulen, wie zum Beispiel einen wechselnden Fahrzeugaufbau, lassen sich ganze Fahrzeuge und Systeme bauen. Diese Erfahrungen können auch für die Umsetzung der Einfachheit genutzt werden.

Einheiten werden gezielt zu Modulen zusammengefasst oder in kleinere Einheiten zerlegt.

Eine Einheit ist dabei nicht mehr weiter unterteilbar. Ein Modul ist hingegen eine gezielte Zusammenfassung von Einheiten, die flexibel weiterverwendet werden können.

Indem bewusst kleine Einheiten und Module geschaffen werden, vereinfacht sich beispielsweise die Handhabung eines Produkts. Das Produktdesign wird markanter oder die Wiedererkennungsrate steigt. Dadurch verringern sich auch Bauteile für Varianten, was wiederum die Materialdisposition und den Reparaturservice vereinfacht. Dienstleistungen können ebenfalls je nach Kundensegment bedarfsgerecht gestaltet werden.

Impulsfragen für die Strategie *Module und kleine Einheiten bilden*:
- Welche Einheiten sind Standard, welche müssen flexibel sein?
- Welche Einheiten gehören technisch zusammen?

- Was kann in kleine Einheiten zerlegt werden?
- Welche Einheiten gehören unter den Gesichtspunkten Service und Betrieb zusammen?
- Können Elemente mit Verschleiß abgetrennt werden?
- Können Module weiter zusammengefasst werden?
- Welche Einheiten ermöglichen einen vielseitigen, multifunktionalen Einsatz?
- Welche Module können für andere Einsatzbereiche sinnvoll verwendet werden?
- Was wären im Sinne eines Baukastenprinzips mögliche Segmentierungskriterien?
- ...

Ladegeräte mit länderspezifischem Stecker

Denke global, handle lokal!

Das Ladegerät von Apple ist nach einem Baukastenprinzip gestaltet; daher wird für einen länderspezifischen Verkauf nur der jeweilige Steckeraufsatz ausgetauscht. Die standardisierte Ladeeinheit kann so vielfach verwendet und in großen Stückzahlen hergestellt werden. Auch der Endkunde muss bei einem „Länderwechsel" lediglich einen günstigeren Steckeraufsatz kaufen. Die Handhabung des Netzgeräts wird einfacher, das Gerät kann flexibler eingesetzt werden und der Materialeinsatz wird verringert. Bei Computerbildschirmen, Computern und auch bei den Kabeln von Laptop-Ladegeräten verfolgt man diesen Aufbau schon seit vielen Jahren erfolgreich.

Stromanschluss elektrischer Geräte

Ein falscher Schritt, ein teurer Schnitt.

Wird das Elektrokabel eines Elektrowerkzeugs beschädigt, ist das lebensgefährlich und das defekte Kabel muss von einem Fachmann ersetzt werden. Geht man jedoch nun mit der Idee einer funktionsbezogenen Modulbildung an dieses Problem heran, wird zum Beispiel klar, dass das Elektrokabel nicht fester Bestandteil des Elektrowerkzeugs sein muss. Durch eine Standardsteckverbindung kann ein genormtes, günstiges und überall erhältliches Standardkabel verwendet werden. Dies vereinfacht nicht nur den Austausch bei einer Beschädigung des Kabels. Man braucht auch keine Fachperson dafür und das Werkzeug ist sofort wieder einsetzbar. Dadurch wird der Einsatz der Maschine über verschiedene Einsatzbereiche einfacher.

Softwarepakete mit modularem Aufbau

Jeder kann wählen, was er wirklich benötigt.

Die Verwendung von Modulen bei Softwarepaketen ist heute schon fast Standard. Für den Einstieg wird meistens eine Basislizenz benötigt. Durch den Zukauf von weiteren Funktionen können Softwaremodule mit einem Lizenzschlüssel freigeschaltet und genutzt werden. In diese Rubrik gehören auch Demolizenzen, die entweder eine eingeschränkte Funktionalität oder eine zeitliche Begrenzung haben.

Für den Anwender wird es so einfacher, die Software einmal vor dem Kauf zu testen oder schrittweise die Funktionalität auszubauen. Der Anwender muss sich zudem nicht mit unnötigen Funktionen auseinandersetzen, die er gar nicht braucht. Das Ergebnis: weniger Buttons, weniger Speicherkapazitäten, höhere Transparenz etc.

Dienstleistungspakete für Produktion, Betrieb, Ausbildung ...

Für Anlagen, Maschinen und Computer werden unterschiedlichste Dienstleistungspakete in Modulen angeboten. Auch ein Studium an einer Universität oder Fachhochschule ist modular aufgebaut. So können Studierende gemäß ihren Bedürfnissen auswählen, welche Fachrichtungen sie vertiefen wollen. Die Module sind aufeinander abgestimmt, damit das Studium in Etappen absolviert werden kann.

So können gezielt auf Marktsegmente ausgerichtete Leistungen erstellt und verkauft werden. Dies ist sowohl einfacher für den Dienstleistungsanbieter als auch für die Kunden.

Industrialisierung als Vorbild für die Modulbildung

Standardisieren durch modularisieren.

Die Modulbildung ist im industriellen Bereich die Basis für eine Standardisierung. So werden beispielsweise Fahrzeuge auf gleichen Plattformen aufgebaut – eine Praxis, die es bei VW, Skoda und Porsche gibt. Maschinen haben gleiche Antriebssysteme und Fertigungsstraßen werden nach dem Baukastenprinzip erstellt. Verpackungshersteller bieten für Paletten die geeigneten, modular aufgebauten Verpackungslösungen an. Für das Unternehmen und die Kunden bedeutet dies: höhere Qualität, mehr Funktionalität, hohe Verfügbarkeit und breite Einsatzmöglichkeiten. Es gibt entsprechend weniger Produktvarianten, das Spezialwissen ist auf mehrere Personengruppen verteilt und das Ganze ist einfacher in der Anwendung sowie flexibler im Einsatz.

Weitere Beispiele

■ Möbelsysteme bestehen aus Modulen, man kann sie flexibel nutzen und individuell erweitern.

■ Computer, Notebooks und Server sind technisch modular aufgebaut und je nach Bedarf bestückbar. Dies ermöglicht die Realisierung vieler unterschiedlicher Varianten mit Standardkomponenten.

■ Im Dienstleistungsbereich sind Transportmittel, Förder- und Zugsysteme so zusammengestellt, dass diese je nach Bedarf und Einsatz flexibel verwendet werden können.

■ Durch die Bildung von Standardmodulen in Spielzeugen, wie zum Beispiel Metallbaukästen, ist eine große Flexibilität und einfache Komposition möglich. So kann man auch ohne Spezialteile komplexe Lösungen bauen.

....

Drei Negativbeispiele für diese Strategie

■ *Neue Fahrzeuge sind zwar häufig modular aufgebaut, das trifft aber oft nur aus der Sicht der Endmontage zu. Es ist für den Kunden mittlerweile fast unmöglich, das Leuchtmittel im Scheinwerfer selbst zu wechseln. Es sind Werkstattbesuche und bei bestimmten Fahrzeugtypen mehrere Stunden Arbeit notwendig.*

■ *Elektrische Geräte sind zwar oft modular aufgebaut. Akkus in elektrischen Zahnbürsten und Mobiltelefonen können jedoch je nach Hersteller oft nicht ausgewechselt werden.*

■ *Viele Softwarepakete für den IT-Laien sind als einzelne Module erhältlich. Bei der Installation sind für die Konfiguration oft trotzdem noch manuelle Einstellungen notwendig, wofür man doch ein bestimmtes Fachwissen braucht.*

Fazit

Wenn Module und kleine Einheiten geschaffen werden, wird es idealerweise für den Anwender und für den Hersteller einfacher – und das sollte sowohl bei Dienstleistungen als auch bei Produktfunktionalitäten und der Produktweiterentwicklung der Fall sein.

Diese Strategie eignet sich besonders dann sehr gut, wenn eine Segmentierung von Technologien, Funktionen oder Dienstleistungen möglich ist. Durch die kreative Wahl der Segmentierungskriterien können ganz neuartige und einfache Lösungen generiert werden.

Um die Strategie anzuwenden, ist es nicht unbedingt nötig, dass man die gerade aktuelle Lösung ganz genau kennt. So können Produktvarianten unter Berücksichtigung der Einfachheit auch von Grund auf neu entwickelt werden.

Einsatzmöglichkeiten der Strategie *Module und kleine Einheiten bilden:*
Produkte   ✳ ✳ ✳
Prozesse/Dienstleistungen   ✳ ✳
Geschäftsmodelle   ✳ ✳

Film ab!
Aus welchen *Modulen und kleinen Einheiten* sollte aus Ihrer
Sicht ein digitaler Fotoapparat bestehen, damit die Hand-
habung einfacher wird? Skizzieren Sie verschiedene Varianten.

Mein Fokus

Denken Sie an ein Produkt oder eine Dienstleistung, welche/s aus Ihrer Sicht kompliziert ist:

Auto, Fernseher

Benennen Sie mögliche Kriterien, gemäß denen sinnvoll Bausteine gebildet werden können. Was gehört zwingend zusammen, was nicht?

Modularer Scheinwerfer,
Tacho, ABS; Es Platinen

Erstellen Sie drei mögliche Lösungsvarianten, indem Sie die Strategie *Module und kleine Einheiten bilden* anwenden.

1.) _Scheinwerfer zugänglicher_

2.) _____

3.) _____

Für wen würde sich was vereinfachen?

Als Nächstes möchte ich Folgendes tun:

_____

_____

_____

_____

_____

_____

_____

_____

_____

_____

Was sollte ich meinen Kollegen unbedingt erzählen?

_____

_____

_____

_____

_____

_____

_____

_____

_____

_____

Strategie: Module und kleine Einheiten bilden **41**

Strategie: Masse und Ausnahmen separieren

Extrawürste extra behandeln
Eine Bahnreise steht an – die erste seit Langem mit der ganzen Familie. Und das wirft zahlreiche Fragen auf: Wie war das noch mit all den Tarifen? Welcher Tarif ist für uns der beste? Auf dem Weg zum Bahnschalter überholt ein „Stammkunde" den ratsuchenden Fahrgast, kurz bevor dieser an der Reihe ist. Warum bloß? Nun, jeder, der regelmäßig Bahn fährt, weiß, wie lange es dauert, bis ein ungeübter Bahnkunde ausreichend beraten wurde und endlich eine Fahrkarte gekauft hat.

Es wäre alles viel einfacher, wenn es zwei Schalter gäbe: einen für längere Beratung und Verkauf (Ausnahme) und einen anderen, an dem der Kunde, der schon weiß, was er will, schnell bedient wird (Masse). Das erhöht nicht nur die Zufriedenheit der Kunden, sondern bietet auch die Gelegenheit, Informationsmaterialien und andere Hilfsmittel bereitzustellen. Darum geht es bei der Strategie *Masse und Ausnahmen separieren*.

Es wird nach der Häufigkeit im Prozess oder der Nutzung einer Funktion unterschieden.

Diese Strategie erlaubt es, sich ständig wiederholende Aufgaben oder Abläufe optimal auf die jeweilige Situation auszurichten. Dies spart Zeit und nutzlose Tätigkeiten fallen weg. Produktkonzepte und Dienstleistungen werden so gezielt auf Bedürfnisse ausgerichtet, um sie effizient und bedarfsgerecht erbringen und umsetzen zu können.

Impulsfragen für die Strategie *Masse und Ausnahmen separieren:*
■ Kann eine Masse klar beschrieben und quantifiziert werden?
■ Welche ist die häufigste Tätigkeit oder Funktion, was wird nur selten benötigt?

- Was sind die zehn seltensten Ausnahmen und die drei häufigsten Anforderungen?
- Welchen Einfluss haben die Ausnahmen auf den bestehenden Standardprozess?
- Welches sind die typischen langsamen und schnellen Elemente im Prozess?
- Welche typischen Verhaltensmuster sind erkennbar?
- Was wird in 80 Prozent der Fälle benötigt, was in 20 Prozent der Fälle?
- Was wird einmal am Tag, einmal in der Woche oder einmal alle paar Monate verkauft, gefertigt oder bedient?
- ...

Pareto-Prinzip

Die 80/20-Regel (oder auch Pareto-Prinzip) macht zum Beispiel transparent, wenn 80 Prozent des Umsatzes mit 20 Prozent der Kunden gemacht werden oder wenn für 80 Prozent der Produkte nur 20 Prozent des Aufwands notwendig sind. Diese Analyse ist für eine Bestimmung von Masse und Ausnahme sehr hilfreich.

Geldautomat mit Expresstaste

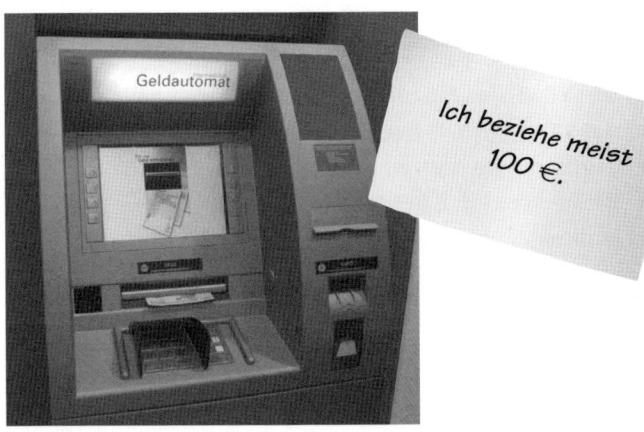

Die häufigsten Tätigkeiten und die Standardfunktionen werden im Display des Automaten angezeigt. Durch die Expresstaste (letzter abgehobener Betrag), mit der der Kunde schneller Bargeld abheben kann, wird der gesamte Prozess vereinfacht und es gibt weniger Fehleingaben. Wer doch einmal einen anderen Betrag benötigt, der durchläuft den Prozess mit allen Einzelschritten.

Die Expresskasse

Wenn der kleine Einkauf einmal schneller gehen soll.

Eine längere Wartezeit an der Kasse in Kombination mit vielen Artikeln wird problemloser akzeptiert als lange Wartezeiten für wenige Artikel. Für den zweiten Fall lohnt es sich, eine Expresskasse einzurichten – mit dem Ergebnis, dass sowohl der Bezahlprozess als auch die Hilfsmittel bedarfsgerecht eingesetzt werden können.

Fahrkartenautomat mit Vorauswahl

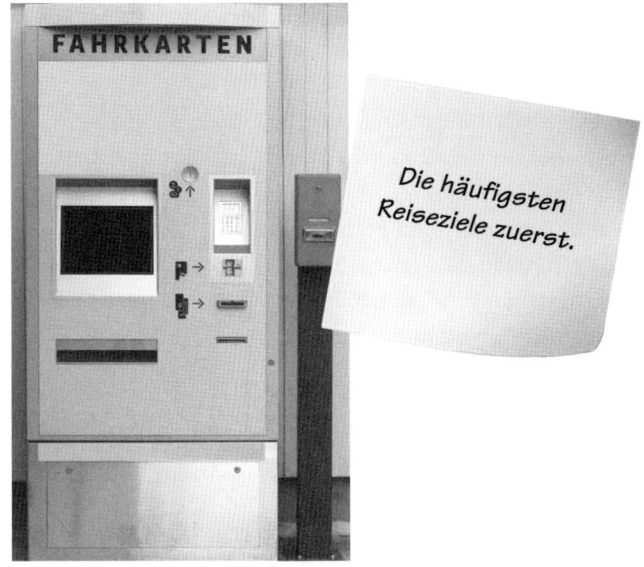

Zählt man über einen bestimmten Zeitraum die gekauften Fahrkarten, zeigt sich anhand dieser Statistik die häufigste Fahrstrecke auf dem Bildschirm. Das vereinfacht die Menüführung und die Bedienzeit. Es wird für die meisten Reisenden (Masse) einfacher. Ausnahmen werden wieder mit dem Routineprozess durch die unterschiedlichen Teilschritte geführt.

Mietservice für Geräte und Maschinen

Handwerker, Landwirte und auch Privatpersonen benötigen gelegentlich besondere Maschinen, zum Beispiel einen großen Bohrhammer, einen Anhänger, Mähdrescher, Bagger, eine Walze für den Rasen oder einen Rüttler für den neuen Bodenbelag in der Hofeinfahrt. Gewisse Werkzeuge werden regelmäßig benötigt und daher gekauft. Hilfsmittel, die nur selten oder einmalig gebraucht werden, können bei Mietservice-Stellen ausgeliehen werden. Dies macht die Sache einfach und bequem, weil die Verfügbarkeit hoch und die Auswahl groß ist.

Weitere Beispiele

- Unterschiedliche Passabfertigungen je nach Nationalität vereinfachen an Flughäfen den Abwicklungsprozess.
- Dienstleistungen für Unternehmen oder Privatpersonen benötigen jeweils andere Prozesse.
- Tankstellen mit speziellen Zapfsäulen für Lkws oder Mautstellen mit Zahlstationen für Lkws und Pkws beschleunigen die Abfertigung.
- Im Gesundheitswesen wird unterschieden zwischen dem Hausarzt, der die Masse und Allgemeinheit betreut, und dem Spezialisten, der im Ausnahmefall konsultiert wird.
- Auch der Internetzugang wird differenziert betrachtet: Wenige benötigen extrem leistungsfähige Anschlüsse, die Masse braucht lediglich „Standard"-Leistungen.
- Carsharing, wie es beispielsweise Mobility in der Schweiz anbietet, ermöglicht es, auch solche Fahrzeugtypen zu verwenden, die sonst nicht oder nur sehr teuer als Mietwagen zur Verfügung stehen würden.
- Herstellbetriebe unterscheiden schon seit Längerem zwischen sogenannten Renner-Linien – das sind automatisierte Produktionsstraßen für die Standardprodukte – und Exoten für die Montage von Kleinserien und Sonderanfertigungen.

Fazit

Wenn eine bewusste Gestaltung von Prozessen und Hilfsmitteln nach dem Prinzip der Masse und Ausnahme vorgenommen wird, vereinfacht sich die Anwendung für den Nutzer sehr stark.

Wenn häufig Spitzen oder zeitkritische Aufgaben zu bewältigen sind, eignet sich diese Strategie besonders gut. Für die Identifikation von Masse und Ausnahme werden quantitative Daten benötigt. Daher wird diese Strategie meist zur Vereinfachung bestehender Situationen verwendet. Wird sie für eine Neugestaltung eingesetzt, werden Annahmen getroffen, die man im anschließenden Betrieb mit den echten Zahlen überprüft.

Einsatzmöglichkeiten der Strategie *Masse und Ausnahmen separieren:*
Produkte   ✳ ✳ ✳
Prozesse/Dienstleistungen   ✳ ✳ ✳
Geschäftsmodelle   ✳ ✳ ✳

My Daily Business!

Denken Sie an eine Alltagssituation, sowohl im Beruf wie auch im privaten Bereich.

Welche Dienst-leistungen nehmen Sie in Anspruch?	Welche sind Standard-leistungen, die für die Masse konzipiert sind?	Welche Dienstleistungen stellen eher die Aus-nahme dar?

Ihr Mobiltelefon

Nehmen Sie Ihr Mobiltelefon zur Hand:

Wenden Sie die Strategie *Masse und Ausnahmen separieren* an, um Ihr Mobiltelefon zu vereinfachen.

Welche Funktionen verwenden Sie *sehr häufig*?

_____

_____

_____

Welche Funktionen verwenden Sie *sehr selten oder nie*?

_____

_____

_____

Wie könnten Sie Ihr Mobiltelefon vereinfachen?

_____

_____

_____

_____

_____

_____

_____

_____

Meine nächsten Schritte/Maßnahmen:

_____

_____

_____

_____

_____

_____

_____

_____

_____

_____

_____

_____

_____

_____

_____

_____

_____

Prinzip Weglassen

„Vollkommenheit entsteht nicht dann, wenn man nichts mehr hinzufügen kann, sondern wenn man nichts mehr wegnehmen kann."

ANTOINE DE SAINT-EXUPÉRY

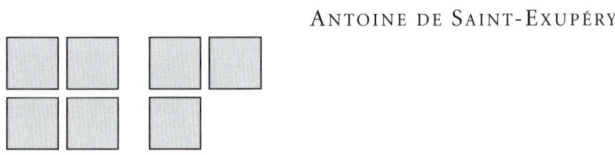

Weglassen ist unter den fünf Prinzipien eines der radikaleren. „Reduce to the max" als Claim aus der Werbung bringt es auf den Punkt – wir reduzieren bis hin zur Essenz oder lassen weg bis zur Vollkommenheit, wie Saint-Exupéry es philosophisch ausführt.

Das kritische Durchleuchten der Ausgangslage mit der Kernfrage „Braucht man das?" hilft auf dem Weg zur Vereinfachung. Trotz des Rufs nach Einfachheit und weniger Komplexität sind nach wie vor Produkte mit vielen Zusatzfunktionen ausgestattet, die kaum gebraucht werden, oder es werden Dienstleistungsangebote ausgebaut, die dem Kunden den Durchblick erschweren.

....

Definition
Etwas, das nicht (mehr) gebraucht wird und keinen oder wenig Mehrwert bietet, ersatzlos streichen.

....

Der Kundennutzen wird bei Anwendung dieser Strategie erhöht, weil eine Dienstleistung damit schneller begreifbar und abgewickelt, ein Prozess schlanker oder das Produkt intuitiver in der Handhabung wird. Alte Gewohnheiten werden gekappt und an neue Gegebenheiten angepasst.

Strategien für die Umsetzung des Prinzips *Weglassen* sind:
- Vergangenheit betrachten *(Alte Zöpfe abschneiden)*
- Tätigkeiten delegieren *(„Warum immer ich?")*
- Funktionen/Elemente streichen *(Über Bord werfen)*

Strategie: Vergangenheit betrachten

Alte Zöpfe abschneiden

Es gibt viele Dinge im Alltag, die einfach deswegen so sind, weil es „immer schon so war". Vielleicht gab es in der Vergangenheit gute Gründe, warum es gerade so sein musste. Nur: Haben diese Gründe heute auch noch Gültigkeit? Oder können wir getrost einen „alten Zopf abschneiden"? Mit einem Blick in die Vergangenheit fragen wir uns bezogen auf das Ganze oder Teile davon: „Ist das noch nötig?", „Muss das noch so sein?"

Wo es kein Problem gibt, wird kaum ein Gedanke an das Thema Vereinfachung verschwendet. Wenn wir aber Einfachheit anstreben, darf der Fokus nicht nur auf ausgemachten Problembereichen liegen. Alle Aspekte sollten hinterfragt werden. Viele Lösungswege basieren auf Erfahrungen, die in der Vergangenheit gemacht wurden. Man fragt sich: Warum sollten wir etwas ändern, wenn es doch funktioniert? Einfachheit wird aber nur dann erreicht, wenn wir auch die „Nicht-Problembereiche" analysieren und uns die Frage stellen: Ist das der einfachste Weg, etwas zu tun? Dabei hilft gerade ein Blick zurück in die Vergangenheit als eine wichtige Strategie, um uns von alten Zöpfen zu trennen.

....

Prüfen, ob Dinge, die früher gültig waren, es auch heute noch sind.

....

Impulsfragen für die Strategie *Vergangenheit betrachten*:
- Können wir den bewährten Prozess neuen Gegebenheiten anpassen?
- Was ist an meinem Produkt nicht State of the Art?

- Welche unserer Dienstleistungen werden immer weniger in Anspruch genommen?
- Gibt es alte Gewohnheiten, die unseren Arbeitsprozess komplizierter machen?
- Welche Umweltfaktoren haben unseren Geschäftsgang in den letzten Jahren nachhaltig beeinflusst?
- Was basiert bei uns auf traditionellen Werten?
- Brauchen wir das noch?
- Hat sich die Technologie weiterentwickelt?
- Tun wir es einfach, weil wir es schon immer taten?
- Sind die Standards überholt?
- …

Bedienungskomfort in der Küche

Was gestern war, gilt heute nicht mehr …

Früher waren Backofen und Herd immer eine Einheit. Das Feuer diente gleichzeitig dem Ofen und dem Herd als Hitzequelle. Obwohl diese Kombination von Herd und Backofen seit der Erfindung der Elektrizität überholt war, wurde die Geräteeinheit über Jahrzehnte beibehalten. Heute sind alle Küchengeräte getrennte Systeme und können an verschiedenen Standorten eingebaut werden. Das erhöht den Bedienkomfort.

Weinflaschenverschluss

Korken vs. Dreh-
verschluss? Auch
Traditionen spielen
eine Rolle.

Der klassische Verschluss einer Weinflasche ist der Korken. Mit einem Drehverschluss lässt sich eine Flasche Wein hingegen einfacher öffnen. Man braucht keinen Flaschenöffner mehr und der Wein hat keinen Korkgeschmack. Es gibt weitere gute Argumente, die für einen Drehverschluss sprechen. Trotzdem setzt sich dieser Verschluss bei teureren Weinen kaum durch. Obwohl der Schraubverschluss im Handling einfacher ist, ziehen wir das traditionelle Verfahren – das Entkorken einer Flasche – häufig vor. In diesem Fall wird die Vereinfachung also bewusst nicht vollzogen.

Türöffnung Auto

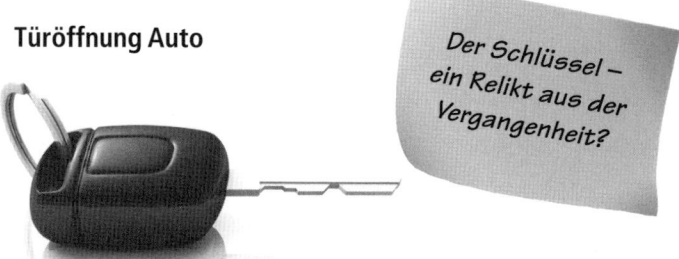

Der Schlüssel –
ein Relikt aus der
Vergangenheit?

Der typische Autoschlüssel ist heute technisch überflüssig und nicht mehr notwendig. Trotzdem werden die meisten Autos immer noch mit einem Schlüsselsystem ausgeliefert. Heute gibt es Kartensysteme, die mehrere Funktionen haben, wie zum Beispiel Öffnen, Schließen und Starten des Autos. Die Hände bleiben frei und die Karte kann gut verstaut werden.

Weitere Beispiele

- Die klassischen Briefmarken waren früher die einzigen Wertzeichen für den Postversand. Heute gibt es verschiedene Möglichkeiten, einen Brief zu frankieren. Auch der Gang zur Post ist nicht mehr nötig.
- Jede Mobiltelefonmarke hatte bisher ein eigenes Ladegerät. In Zukunft wird dies für alle einheitlich sein.
- Früher gab es für Handy, MP3, Digicam etc. ein separates Ladegerät. Heute kann die USB-Standardschnittstelle als zentrale Ladeeinheit dienen.
- Ob Buch oder DVD, alles kann heute per Internet ins Haus bestellt werden und der Weg ins Geschäft fällt weg.
- Ladenöffnungszeiten werden durch Shops an Tankstellen hinfällig.
- Die Abgasuntersuchung bei Autos ist eigentlich nicht mehr nötig, weil heute elektronische Regelsysteme die Fehlermeldung übermitteln.
- Der Taschenrechner war bisher batteriebetrieben, heute ist ein Betrieb mit Solarzellen fast schon Standard.
- Bei den London Taxis musste es die Karosserieform zulassen, dass Dame und Herr während der Fahrt einen Hut tragen konnten. Bis heute wurde die Karosserie der Londoner Taxis den neuen – eher hutlosen – Gegebenheiten kaum angepasst.

Fazit

Abläufe und Dinge, an die man sich gewöhnt hat, bieten auf den ersten Blick wenig Handlungsbedarf. Bei der Betrachtung der Vergangenheit geht es aber genau darum: Tun wir etwas so, weil es schon immer so war? Oder gibt es doch ein Vereinfachungspotenzial? Dann sollten „alte Zöpfe" weggelassen werden, um das Ziel der Einfachheit zu erreichen. Kommt der Aspekt Tradition ins Spiel (siehe Weinkorken), wird entschieden, ob diese Gründe so gewichtig sind, dass man es doch bei der bisherigen Lösung belässt.

Die Strategie eignet sich für das Hinterfragen sämtlicher Ausgangslagen und kann bereits bei der Situationsanalyse am Anfang des Vereinfachungsprozesses stehen. Hier kann es sinnvoll sein, auch Querdenker oder Außenstehende, die mit dem Thema wenig vertraut sind, um Ideen zur Vereinfachung zu bitten.

Einsatzmöglichkeiten der Strategie *Vergangenheit betrachten:*
Produkte   ✳ ✳ ✳
Prozesse/Dienstleistungen   ✳ ✳ ✳
Geschäftsmodelle   ✳ ✳ ✳

Der Morgen im Büro

Überlegen Sie sich den Ablauf eines normalen Arbeitstages – vom Moment, in dem Sie das Haus verlassen, bis zur ersten Kaffepause. Gibt es „alte Zöpfe" unter all diesen Aktivitäten? Was können Sie ersatzlos streichen, um diesen Ablauf zu vereinfachen?

 06.00 – 07.00 h

_____

_____

 07.00 – 08.00 h

_____

_____

 08.00 – 09.00 h

_____

_____

 09.00 – 10.00 h

_____

_____

Mein eigenes Beispiel

Was ist in Ihrem Arbeitsbereich aus Ihrer Sicht ein „alter Hut"?

_____

_____

_____

Was wäre, wenn Sie dies einfach weglassen?

_____

_____

Für wen wird dabei etwas einfacher?

_____

_____

Was sind Ihre Erkenntnisse daraus?

_____

_____

_____

Meine nächsten Schritte/Maßnahmen:

_____

_____

_____

_____

_____

_____

Strategie: Tätigkeiten delegieren

„Warum immer ich?"
Den Ausruf kennen schon die Kleinsten: „Warum muss immer ich das machen?" Das ist zwar eine berechtigte Frage, aber der Beweggrund für diese Klage war damals in der Kindheit wahrscheinlich eher Bequemlichkeit. Darum geht es bei der Strategie *Tätigkeiten delegieren* aber nicht. Hierbei analysieren wir die Ausgangslage sehr genau und hinterfragen, ob eine Tätigkeit, ein Prozessschritt oder ein Produktbestandteil von uns selbst ausgeführt, übernommen oder produziert werden muss. Oder kann etwas delegiert werden? Es wird also etwas vom Bestehenden abgelöst und anderswohin übertragen – mit dem Ziel, das Ganze oder Teile davon zu vereinfachen.

Was durch Übertragen an eine andere Stelle vereinfacht werden kann, wird ausgelagert.

Auch in diesem Fall ist es von zentraler Bedeutung, was an wen und wohin delegiert wird. Delegieren bedeutet noch keine Vereinfachung. Wer profitiert davon? Nur wenn das Delegieren einer Tätigkeit insgesamt die Effizienz steigert, kann Einfachheit erreicht werden.

Impulsfragen für die Strategie *Tätigkeiten delegieren:*
- Kann unser Kunde während der Wartezeit etwas selbst erledigen?
- Was müssen wir auslagern, damit wir das Produkt schneller produzieren können?
- Wo lässt sich ein Arbeitsschritt delegieren, damit die Dienstleistung günstiger angeboten werden kann?
- Welche Tätigkeit kann der Lieferant/Kunde für uns übernehmen?
- Welche Tätigkeiten können besser durch Dritte wahrgenommen werden, damit unsere Flexibilität steigt?
- …

Lebensmittel selber scannen

Der Do-it-your-self-Einkauf

Beim Einkaufen werden in Zukunft die Artikel selber gescannt und damit wird der Zahlungsablauf an der Kasse verkürzt. Der Vorteil für den Kunden liegt in der Zeitersparnis – trotz Mehraufwand beim Scannen – sowie in der Möglichkeit, die Waren direkt in die Einkaufstaschen zu verstauen. Das Ein- und Ausladen der Waren an der Kasse entfällt. Es gibt nur noch Stichproben, ob alle Waren gescannt wurden. Die Vorteile für den Laden: eine flexiblere Einteilung der Mitarbeiter, zum Beispiel für Kundenberatung, und ein sinkender Bedarf an Mitarbeitern.

Onlinebanking

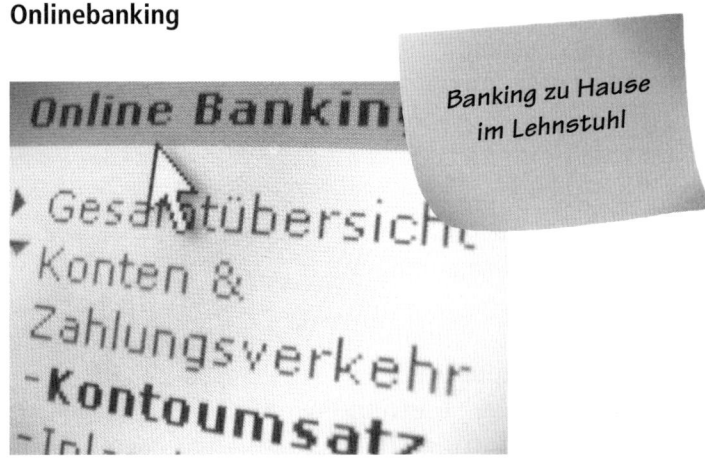

Banking zu Hause im Lehnstuhl

Der Bankkunde wickelt beim Onlinebanking die klassischen Bankgeschäfte unabhängig von Zeit und Ort ab. Der Zeitaufwand wird reduziert, der Weg zur Bank fällt weg. Obwohl der Arbeitsschritt für den

Bankkunden einen Mehraufwand bedeutet – so wird die Dateneingabe von der Bank an den Kunden delegiert –, profitiert der Kunde auch davon: Er verfügt jederzeit über aktuelle Informationen und ist bei der Abwicklung seiner Bankgeschäfte wesentlich flexibler.

Onlinetickets

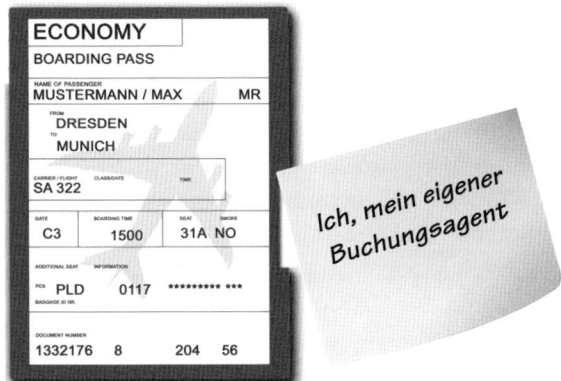

Tickets für Flug, Kino, Bahn, Konzerte etc. werden online gebucht. Der Kunde erfasst seine Daten mit einer Zahlungsanweisung und entscheidet, ob er das Ticket sofort ausdrucken möchte oder es sich schicken lässt – per Post, elektronisch als MMS, Electronic Ticket oder mit Barcode. Das bedeutet eine Vereinfachung für den Anbieter und den Kunden.

Homeshopping

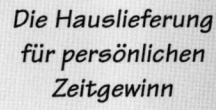

Der Kunde bestellt die gewünschten Lebensmittel online und innerhalb eines bestimmten Zeitfensters werden diese vom Lieferanten nach Hause geliefert. Es wird orts- und zeitunabhängig bestellt und bestimmt, wann die Ware geliefert wird. Das Ergebnis: ein geringerer Stressfaktor beim Einkaufen und Zeitersparnis. Der Routineeinkauf wird ausgelagert und der Kunde hat nun zusätzlichen Freiraum für andere Aktivitäten.

Weitere Beispiele

- Bei Starbucks und anderen Selbstbedienungsrestaurants wird die Bestellung an der Theke getätigt und es gibt keinen Service am Tisch.
- Der eigene Check-in am Flughafen. Der Passagier druckt seinen Flugschein selber aus und gibt nur noch das Gepäck beim Mitarbeiter ab.
- Der Audioführer im Museum oder beim Besuch von Sehenswürdigkeiten, der die Funktion des Museumsführers übernimmt.
- Börsendaten, Wetterberichte, astrologische Informationen etc. kann man als SMS erhalten.
- Onlineanträge von Versicherungen, der klassische Papierkrieg fällt weg.
- Bei einem Onlinehändler kann der Kunde seine Bestellung auch im Abholshop selbst erfassen und sich diese zuschicken lassen. Es gibt trotz Abholschalter nur im Ausnahmefall einen besetzten Schalter für die Beratung bei der Auftragserfassung.

Fazit

Die Einfachheit wird bei dieser Strategie nur dann erreicht, wenn der Prozess über alle Stufen hinweg effizienter gestaltet werden kann und nicht einfach ein „Problem" ausgelagert wird, das sich im eigenen Bereich als Hindernis erweist. Wie bei jeder Strategie gilt auch hier die zentrale Frage: Für wen soll etwas einfacher werden?

Diese Strategie kann bei der Analyse eines bisherigen Prozesses, aber auch bei der Gestaltung einer neuen Dienstleistung zur Vereinfachung beitragen und sehr wertvoll sein. Auch hier sind Fachkompetenz und Wissen um das Thema die Voraussetzung dafür, dass durch Einfachheit der Kundennutzen gesteigert wird.

Einsatzmöglichkeiten der Strategie *Tätigkeiten delegieren:*
Produkte   ✳ ✳
Prozesse/Dienstleistungen   ✳ ✳ ✳
Geschäftsmodelle   ✳

Up in the Air …

Überlegen Sie sich aus Passagiersicht Möglichkeiten, wie man den Ablauf der Sicherheitskontrolle am Flughafen vereinfachen kann, indem Sie die Strategie *Tätigkeiten delegieren* anwenden:

_____

_____

_____

_____

_____

_____

_____

_____

_____

_____

_____

_____

_____

_____

_____

_____

_____

Und bei mir?

Wenden Sie diese Strategie auf Ihre Dienstleistung oder einen Prozess in Ihrem Unternehmen an:

1. Dienstleistung/Prozess:

_____

_____

2. Welche Elemente könnten wohin delegiert werden?

_____

_____

_____

3. Für wen wird etwas einfacher?

_____

_____

4. Wird die Effizienz gesteigert?

_____

_____

_____

Lesson learned 1:

_____

_____

_____

_____

_____

_____

Lesson learned 2:

_____

_____

_____

_____

_____

_____

Lesson learned 3:

_____

_____

_____

_____

_____

Strategie: Funktionen/Elemente streichen

Über Bord werfen
Übertragen auf die gute alte Piratengeschichte bedeutet das: Wir segeln bei dieser Strategie dem Angreifer davon und alles, was mehr oder weniger entbehrlich ist, wird über Bord geworfen. Wir suchen also nach Möglichkeiten, Funktionen und Elemente zu streichen, die unwichtig sind und die Komplexität unnötig steigern.

Man trennt sich von Dingen, die nicht wirklich benötigt werden, und verzichtet bewusst auf Zusatznutzen, der wenig oder nie in Anspruch genommen wird.

Bestehende Elemente oder Funktionen werden auf ihre Notwendigkeit hin geprüft und gegebenenfalls wird darauf verzichtet.

Impulsfragen für die Strategie *Funktionen/Elemente streichen:*
- Welcher Schritt im Prozess kann ohne Qualitätseinbuße gestrichen werden?
- Was können wir ohne Umsatzeinbuße weglassen, um die Flexibilität zu erhöhen?
- Wie kann unser Kunde das Produkt auf Anhieb richtig bedienen?
- Welche Funktionen werden am wenigsten genutzt?
- Was findet auf Kundenseite am wenigsten Anklang?
- Welche komplexen Fragen werden uns vom Nutzer zum Produkt gestellt?
- Was ist nicht wirklich nötig?
- Wenn fünf Funktionen gestrichen werden müssten: Welche wären es?
- ...

Seniorentelefon

Weniger Funktionen für bessere Bedienbarkeit

Viele ältere Menschen nutzen ihr Mobiltelefon nur zum Telefonieren. Meistens rufen sie auch immer die gleichen drei bis fünf Nummern an. Wozu braucht man also all die weiteren Funktionen und Features, die nie genutzt werden? Durch das Weglassen von Funktionen kann das Gerät einfacher gestaltet werden und die Sichtbarkeit und Haptik werden verbessert. Das Gerät wird auf seinen ursprünglichen Nutzen reduziert: das Telefonieren. So passieren weniger Tippfehler und der Nutzer fühlt sich nicht überfordert.

Sitzplatzreservierung

Sitzplatz garantiert – auf „first come, first serve"-Basis

Bei einigen Fluglinien fällt die Sitzplatzreservierung ganz weg. Damit wird die Organisation vereinfacht und man kann bestimmte Prozessschritte streichen. Für den Flug werden nur noch E-Tickets ausgestellt und im Flugzeug besteht für den Kunden freie Sitzwahl. Dieses Verfahren stellt in erster Linie für die Fluggesellschaft eine Vereinfachung dar.

Suchmaschinen

Search

Die Reduktion auf das Wesentliche macht es nutzerfreundlich.

Einfachheit wird auch durch eine minimale, schlichte Gestaltung erreicht. Bei der populärsten Suchmaschine der Welt verwirren keine Werbebanner oder blinkenden Features das Nutzerauge, wie dies oft bei den Mitbewerbern der Fall ist. Ein einfaches Suchfeld mit dem Firmennamen genügt.

EEE = Easy, excellent, exciting in einem handlichen Gerät

Diverse Schnittstellen und ein DVD-Laufwerk wurden bei den EEEPCs (Netbooks) gestrichen und es wurden nur noch die wichtigen Elemente wie USB und Beameranschluss im Gerät beibehalten. Mobile Nutzer brauchen oft nicht mehr als Internet und Tastatur. Durch das Weglassen von Funktionen wird das Gerät leichter, handlicher und kostengünstiger.

Weitere Beispiele

- Schilder und Signale im Straßenverkehr: Weniger wichtige Schilder und Signale werden entfernt, um die Aufmerksamkeit für die wichtigen Signale zu erhöhen.
- Uhr ohne Zusatzfunktionen wie Stoppuhr, Tiefenmesser und Barometer – die Uhr wird (wieder) zum reinen Zeitanzeiger.
- Die Krankenversicherung ohne Zusatzversicherungen.
- Computermaus mit nur einer Taste anstatt mit vier Tasten und Rädchen.
- Das Ladegerät eines MP3-Players wird weggelassen. Man kann beispielsweise mit dem USB-Anschluss am Computer zum einen die Musik verwalten und gleichzeitig den Player laden.
- Bedienungsanleitungen oder Softwaretreiber werden nicht mehr physisch, zum Beispiel in Form eines gedruckten Handbuchs, beigelegt. Stattdessen steht online immer die aktuellste Version zum Herunterladen zur Verfügung.
- Am Skilift wird die Skipasskontrolle abgeschafft, weil jeder, der sich im Gebiet aufhält, sowieso einen Skipass für die Anreise benötigt.
- In den Stadtgebieten wird die Funktion des Fahrkartenkontrolleurs als Dauerbesetzung im Zug gestrichen und es werden nur noch Stichproben durchgeführt.
- Die Personenkontrollen innerhalb des Schengener Abkommens sind an den Grenzen abgeschafft worden, weil der Grenzverkehr übergeordnet neu geregelt wurde.
- …

Fazit

Ein Produkt oder ein Dienstleistungsangebot wird durch die Anwendung der Strategie *Funktionen/Elemente streichen* auf das Wesentliche reduziert. Zusatzfunktionen oder Serviceleistungen, die vom Kunden wenig oder nicht genutzt werden oder überflüssig geworden sind, werden ersatzlos gestrichen. Viele wünschen sich heute intuitiv bedienbare Geräte, die man auch ohne das Studieren eines komplizieren Manuals in Betrieb nehmen kann.

Bei dieser Strategie können auch von Kundenseite wichtige Erkenntnisse oder Hinweise zur Vereinfachung kommen. Sie sind es schließlich, die das Produkt oder die Dienstleistung kennen und über diese Rückmeldungen Wünsche zur Verbesserung einbringen. Und Verbesserung heißt eben oft auch Vereinfachung.

Einsatzmöglichkeiten der Strategie *Funktionen/Elemente streichen:*

Produkte ✳ ✳ ✳
Prozesse/Dienstleistungen ✳
Geschäftsmodelle ✳ ✳

Sie als Produktdesigner!

Entwickeln Sie ein aus Ihrer Sicht ideales Keyboard, indem Sie die Strategie *Funktionen/Elemente streichen* anwenden.

Scribbeln Sie hier Ihr neues Design:

Mein Beispiel @ Work

Wo könnte die Strategie *Funktionen/Elemente streichen* bezogen auf Ihr Produkt oder Ihre Dienstleistung zur Anwendung kommen?

_____

_____

_____

Um welche Funktionen/Elemente geht es dabei?

_____

_____

_____

_____

Welcher Zusatznutzen fällt durch die Anwendung der Strategie weg?

_____

_____

_____

Wer profitiert von der gewonnenen Einfachheit?

_____

_____

_____

_____

Gleicht die Vereinfachung mögliche Einbußen beim Nutzen aus?

_____

_____

_____

Notizen:

_____

_____

_____

_____

_____

Next steps:

_____

_____

_____

_____

_____

_____

... wer von mir einen Tipp für diese Strategie bekommt:

1. _____

2. _____

3. _____

_____

_____

Prinzip Ergänzen

„Ingenieure lieben es, Komplexität zu konstruieren.
Die Konstruktion von Einfachheit ist um einiges schwieriger. "

SHAI AGASSI, NETWORK WORLD

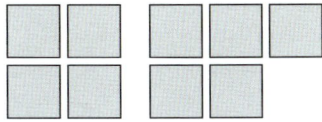

Vereinfachung wird häufig mit den Begriffen „Weglassen", „Reduzieren" oder „Abbauen" in Verbindung gebracht. Das ständige Abbauen, Schlankerwerden oder Verzichten bedeutet aber nicht unbedingt, dass etwas einfacher wird. Der Ansatz, dass eine Ergänzung zu einer Vereinfachung führt, ist auf den ersten Blick nicht immer ersichtlich und muss deswegen genauer erklärt werden.

Viele Einzelgeräte und Maschinen haben sich in den vergangenen Jahren technisch weiterentwickelt. Das Gleiche gilt für Sicherheitssysteme in Fahrzeugen, Funktionen von Softwareprogrammen, Mobilfunkgeräte und auch für Dienstleistungen. Häufig wurden dabei Funktionen oder Elemente ergänzt. Trotz (oder gerade wegen) dieser Ergänzungen wurde vieles für den Anwender einfacher.

....

Definition
Elemente, Funktionen oder Teilschritte werden zusammengefügt oder integriert.

....

Der Alltag kann durch die geschickte Ergänzung zusätzlicher Funktionen oder Elemente einfacher werden. Dies zeigt sich an mehr Bequemlichkeit, besserem Gelingen, höherer Qualität und einer einfacheren Handhabung. Die praktische Umsetzung muss so geschehen, dass sie nicht zu einer Überforderung des Anwenders führt oder die Übersichtlichkeit verloren geht. Genau darin liegt die Kunst – ein Gleichgewicht von Einfachheit und sinnvollen Ergänzungen zu finden.

Strategien für die Umsetzung einer *Ergänzung* sind:
- Funktionen/Elemente kombinieren *(Aus zwei mach eins.)*
- Nutzen hinzufügen *(Darf es etwas mehr sein?)*
- Funktionen/Elemente verstecken *(Ich sehe was, was du nicht siehst!)*

Strategie: Funktionen/Elemente kombinieren

Aus zwei mach eins.
Stellen Sie sich vor, Sie benötigen für einen Ausweis ein Foto. Wie war das noch vor ein paar Jahren? Beim Erstellen des Ausweises hatte man meistens kein Foto dabei, musste es also nachschicken oder noch mal persönlich vor Ort erscheinen. Dieses Verfahren war nicht gerade einfach. Heute gehört es zum Standard, dass alle notwendigen Funktionen in oder in der Nähe der zuständigen Stelle sind – vom digitalen Fotoapparat bis zum Drucker für den Mitgliederausweis. Wesentliche Funktionen wurden so an einem Ort zusammengeführt und das hat das Verfahren für den Nutzer und auch meistens für den Dienstleister wesentlich vereinfacht.

Eine bestehende Lösung wird durch die geschickte Kombination mit weiteren Funktionen im Sinne der Einfachheit optimiert. Teilweise ist für die Beteiligten zuvor ein gewisser Mehraufwand für Schulungen notwendig, bevor die Wirkung der Vereinfachung zum Tragen kommt.

Zwei oder mehr Funktionen oder Elemente werden kombiniert.

Auf diese Weise werden zwei oder mehr zuvor unabhängige Funktionen oder Elemente zu einer Einheit kombiniert. Die daraus resultierende Einfachheit ist sehr vielfältig: Hilfsmittel sind in höherem Maß verfügbar, Zeit und Kosten werden eingespart und es gibt mehr Sicherheit.

Diese Strategie wird häufig bei bestehenden Produkten oder Dienstleistungen angewendet. Ein Grund dafür sind die technologischen Entwicklungen im Umfeld einer bestehenden Lösung. Dabei werden verfügbare Lösungen mit neuen Funktionen oder neuen Lösungsansätzen kombiniert. Diese Strategie eignet sich auch dann, wenn zwei Technologien (und damit Funktionen), die sich bisher getrennt voneinander entwickelt haben, zu einer neuen Einheit kombiniert werden.

Impulsfragen für die Strategie *Funktionen/Elemente kombinieren:*
- Welche Funktionen werden für den gesamten Abwicklungsprozess zusammen benötigt?
- Welche Funktionen sind zeitlich in der Kombination wichtig?
- Was kann vereinfacht werden, wenn zwei bestehende Technologien kombiniert werden?
- Welche neuen Standards haben sich entwickelt und wie sieht die Kombination mit bestehenden Lösungen aus?
- Welche bestehenden Standardlösungen können kombiniert werden?
- Warum müssen die Funktionen A und B voneinander getrennt sein? Wie würde eine Kombination aussehen?
- Wenn wir den Organisationsaufwand reduzieren wollen, was gehört dann zu einer Einheit?
- Was muss kombiniert werden, damit der Kunde möglichst wenig Aufwand für die Nutzung unserer Dienstleistungen hat?
- Was können wir miteinander kombinieren, wenn es darum geht, möglichst viele Standardeinheiten einzusparen?
- …

Multifunktionsgeräte sind Standard

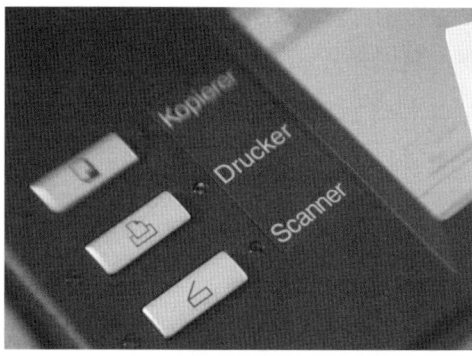

Heute nicht mehr wegzudenken: die Multifunktionsgeräte für zu Hause oder im Büro. Man braucht nur einen Stromanschluss und einen Netzwerkanschluss, nur ein Papierfach und nur eine Standardsoftware. Die Logik, der man bei der Bedienung der Geräte folgen muss, ist für alle Funktionen gleich. Das vereinfacht nicht nur die Anwendung, sondern benötigt auch weniger Platz und Infrastruktur.

Chatfunktion bei Onlinedienstleistungen

Onlinedienste sind sehr bequem, wenn alle notwendigen Hilfsmittel sofort zur Verfügung stehen. Moderne Dienstleister kombinieren ihre Leistungen daher mit Onlinechats. Kunden können zum Beispiel beim Ausfüllen eines Onlineformulars gleich nachfragen und müssen nicht erst eine Telefonnummer heraussuchen.

Notrufdienst Rotes Kreuz

Das Notrufsystem CASA, das vom Roten Kreuz angeboten wird, kombiniert einen Funknotrufknopf, den der ältere oder gehandicapte Mensch am Handgelenk trägt, mit dem Haustelefon, einer zusätzlichen Freisprechanlage und der Notrufzentrale des Roten Kreuzes. Durch diese Kombination kann, egal wo in der Wohnung jemand in Not gerät, Hilfe angefordert werden. Nach dem Drücken des Notrufknopfes wird über das Telefon eine Freisprechanlage aktiviert und eine Verbindung in eine Notrufzentrale aufgebaut. Diese kommuniziert mit der betroffenen Person über die Freisprechanlage. Durch diese Kombination wird das Alarmieren und der gesamte Folgeprozess wesentlich vereinfacht.

Mobiltelefon mit Fotofunktionen

Das Handy oder Notebook wird mit einer integrierten Kamera ausgestattet. Damit können viele Zusatzfunktionen einfach bedient werden. Schnappschüsse sind jederzeit möglich und man muss nicht noch extra daran denken, die Kamera mitzunehmen.

Navigationssystem mit Staumeldungen

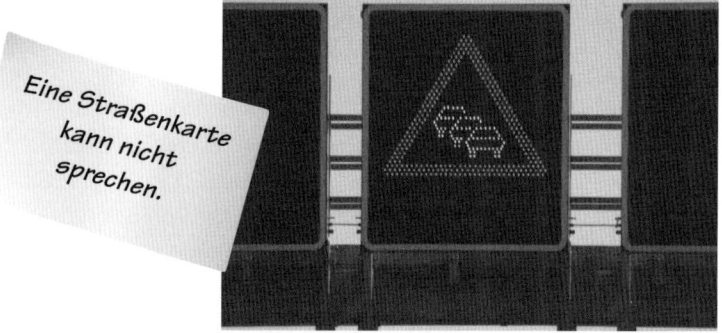

Es gibt doch nichts Praktischeres als die Kombination eines Navigationssystems mit den aktuellen Verkehrsmeldungen. Das vereinfacht die Streckenwahl enorm. Allein die Verfügbarkeit der Information in Kombination mit der gewählten Fahrtroute ist sehr hilfreich. Außerdem wird dabei die neue Ankunftszeit berechnet.

Lupe am Einkaufswagen

Ein Einkaufswagen kann viel mehr als nur Ware transportieren.

Es heißt zwar immer „Beachten Sie bitte das Kleingedruckte", lesen können wir es ohne Hilfsmittel trotzdem häufig nicht – und eine Lupe haben wir beim Einkaufen auch nicht immer dabei. Sie wäre eine zusätzliche Last in unserer Tasche und auch schwer zu handhaben. Eine Hand würden wir dann beim Einkauf für die Lupe benötigen und das ist nicht einfach. Durch das geschickte Hinzufügen der Lupe an den Einkaufswagen entsteht ein echter Zusatznutzen und das lässt sich weiterdenken: Wie wäre es mit einem Zettelhalter, einem Scanner, einer Taschenhalterung oder auch einem Babysitz?

Kombipakete in unterschiedlichsten Formen

In meinen Koffer packe ich …

Wir haben uns schon daran gewöhnt – an die Kombipakete in allen möglichen Bereichen. Dazu zählt zum Beispiel die Eintrittskarte für ein Konzert oder eine Messe kombiniert mit dem Fahrschein für den öffentlichen Verkehr. In diese Kategorie gehören auch die organisierten Urlaubsreisen mit Wellnessangebot, Kino und Kinderbetreuung. Sogar die Anfahrt vom Wohnort zum Flughafen ist oftmals schon integriert.

Weitere Beispiele sind: Vergünstigung von Eintritten durch die Mitgliedschaft in einem Verein oder anderen Organisation oder die Kombination von Mitgliederausweis und Kreditkarte. Viele Automobilklubs (z. B. ADAC, TCS, ÖAMTC) und auch die Bahn bieten dies an.

Weitere Beispiele

- Wetterstationen kombiniert mit einer Uhr mit Echtzeit
- Kaffeemaschinen, die auch Milch aufschäumen können
- Dienstleister, die Telefon, Fernsehen und Internetanschlüsse kombiniert anbieten
- Tankstellen mit einem zusätzlichen Sortiment an Haushaltsartikeln
- Multifunktionale Küchengeräte
- Schließsysteme, die einen mechanischen Schlüssel mit einer elektronischen Zutrittskontrolle kombinieren
- Laser- und Stanzen-Kombimaschinen in der Metallverarbeitung
- Geldautomat mit der Möglichkeit, auch Überweisungen oder Bareinzahlungen zu tätigen
- Wischmopp mit Wassertank zum Besprühen des Bodens
- Bleistift in Kombination mit einem Spitzer und Radiergummi inklusive Aufbewahrungsbox
- …

Fazit

Die Ergebnisse der Strategie *Funktionen/Elemente kombinieren* nutzen wir fast täglich bewusst oder unbewusst. Sie ist vielseitig einsetzbar und oftmals zentraler Bestandteil von neuen Produkten oder Dienstleistungen. Diese Strategie ist auch ein Differenzierungsmerkmal unterschiedlicher Dienstleistungen von Unternehmen. Sie eignet sich für die Vereinfachung von Produkten und Dienstleistungen in gleichem Maße. Anwender wiederum schätzen es, wenn kunden- und nicht technikfokussierte Kombinationen gewählt werden, um Funktionen oder Leistungen zu vereinfachen.

Achtung!
Bei dieser Strategie besteht die Gefahr, nicht die Vereinfachung in den Vordergrund zu stellen, sondern eher die beliebige Kombination von Funktionen, ohne wirklich eine Vereinfachung zu erreichen. Daher muss als Zielsetzung klar und eindeutig formuliert sein, für wen was vereinfacht werden soll, damit die Kombination nicht zur Komplexitätssteigerung beiträgt.

Unsere Erfahrung zeigt auch, dass durch die Kombination von Funktionen neue Standards gesetzt werden können, die absolut sinnvoll sind und auf die keiner mehr verzichten möchte, wie zum Beispiel der Taschenrechner mit Solarzellen zur Stromversorgung.

Einsatzmöglichkeiten der Strategie *Funktionen/Elemente kombinieren:*
Produkte   ✳ ✳ ✳
Prozesse/Dienstleistungen ✳ ✳ ✳
Geschäftsmodelle   ✳ ✳

Meine Favoriten
Denken Sie an Ihre Lieblingstätigkeiten, die Sie sehr gerne und oft ausüben. Was würde sich vereinfachen, wenn Sie diese mit etwas anderem kombinieren würden? Führen Sie hier Ihre Lieblingstätigkeiten auf und kombinieren Sie diese miteinander!

Top 10

Wählen Sie ein Top-Seller-Produkt oder eine Dienstleistung aus Ihrem Bereich aus.

_____

_____

Denken Sie an ein neues Produkt, das Sie in Ihrem beruflichen Umfeld vor Kurzem entdeckt haben.

_____

_____

Wenden Sie die Strategie _Funktionen/Elemente kombinieren_ an, um das Produkt/die Dienstleistung zu vereinfachen. Kombinieren Sie die Top-Seller-Produkte mit den neu entdeckten Produkten.

_____

_____

_____

_____

_____

_____

Ist diese Kombination sinnvoll? Falls nicht, versuchen Sie eine andere Kombination.

_____

_____

Für wen würde sich was vereinfachen?

_____

_____

Meine nächsten Schritte/Maßnahmen:

_____

_____

_____

_____

_____

_____

_____

_____

_____

_____

_____

_____

_____

_____

_____

_____

Strategie: Nutzen hinzufügen

Darf es etwas mehr sein?
Diese Strategie kann mit Omas Geheimrezept für den besten Kuchen verglichen werden. Es ist der Schuss Milch, der hinzugefügt wird, die Menge an Butter, die für den unvergesslichen Geschmack verantwortlich ist, oder die Folie, mit der sie den Teig abdeckt. Immer wird etwas hinzugefügt, um etwas zu verbessern. Übertragen auf Simplicity bedeutet das: Wir möchten etwas hinzufügen, um etwas zu vereinfachen.

Eine bestehende Lösung wird um ein Element oder eine Funktion ergänzt.

Wir erleben sie fast täglich – die vielen kleinen Dinge, die uns einen zusätzlichen Nutzen bescheren. Dabei geht es nicht nur darum, neue Funktionen zu integrieren oder zu kombinieren. Das Ziel besteht auch darin, die Nutzung der bestehenden Funktion wesentlich zu vereinfachen. Wir bedienen uns der Möglichkeit, durch ein Hinzufügen oder leichtes Verändern eine Vereinfachung zu realisieren.

Achtung
Was die Strategien *Funktionen/Elemente kombinieren* und *Nutzen hinzufügen* unterscheidet, ist auf den ersten Blick vielleicht nicht gleich ersichtlich. Aber es gibt einen wichtigen Unterschied:
Bei *Funktionen/Elemente kombinieren* werden zwei oder mehr selbstständig funktionierende Objekte zu einem neuen vereint.
Bei *Nutzen hinzufügen* wird ein bestehendes Objekt um ein Element oder eine Funktion ergänzt, welche/s für sich alleine keine wesentliche Funktion besitzt. Die Hauptfunktion des ursprünglichen Produkts bleibt erhalten.

Impulsfragen für die Strategie *Nutzen hinzufügen:*
- Wenn wir dieses oder jenes Gerät verwenden: Was stört uns am meisten?
- Welche andere Einstellung oder Konfiguration würde die Anwendung vereinfachen?
- Wo treten immer wieder die gleichen Fehler auf?
- Was müssten wir hinzufügen, um die Handhabung zu vereinfachen?
- Was benötigen wir sowieso immer?
- Welche Fehler passieren immer wieder und was kann hinzugefügt werden, damit sie nicht mehr auftreten?
- Was kann hinzugefügt werden, damit die Verarbeitung schneller, optimaler und fehlerfrei funktioniert?
- …

Klebeband mit gerillter Seite

Wenn die Schere mal nicht zur Hand ist.

Um ein Klebeband abzureißen, wird normalerweise immer ein Hilfsmittel, beispielsweise eine Schere, ein Messer oder ein Handabroller, benötigt. Wird dem Klebeband an der Seite eine kontinuierliche Rillenprägung hinzugefügt, kann es ohne Hilfsmittel und ohne großen Kraftaufwand abgerissen werden – immer und überall.

Schnellspannverschlüsse

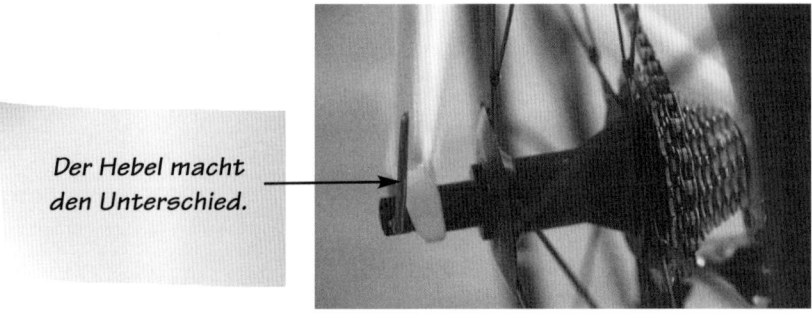

Der Hebel macht
den Unterschied.

Man muss nicht immer sein Werkzeug dabeihaben, um etwas zu reparieren. Mit Schnellspannverschlüssen lassen sich sehr schnell und einfach Montagetätigkeiten erledigen. Durch das Hinzufügen eines Hebels wird der Schraubenschlüssel überflüssig.

Gleiche Lösungen gibt es auch im Motorsport oder bei Produktions-anlagen. In diesen Fällen geht es vorrangig darum, die Wechselzeiten zu verkürzen. Das geeignete Werkzeug ist ja nicht immer verfügbar oder es muss separat mitgenommen werden.

Verschluss einfach öffnen

Ohne Werkzeug
kommt der Fisch
aus der Dose.

Mit einer Metallschlaufe lässt sich der Deckel einer Dose ganz einfach öffnen. Beim Schutzverschluss auf einer Flasche kann man dank einer zusätzlichen Folie, die nur zur Hälfte aufgeklebt ist, den Sicherheits-verschluss mühelos öffnen. Es ist ein Kinderspiel und an der Öffnung gibt es keine Rückstände.

Auch wenn es für den Hersteller nun eventuell etwas aufwendiger ist, diese Zusätze anzubringen, so ist es für die Kunden wesentlich einfacher geworden!

Individualisierte Dienstleistungen

Digitale Dienstleistungen bieten die Möglichkeit, Texte oder Bilder beliebig hinzuzufügen. So kann man zum Beispiel bei einer elektronischen Postkarte den jeweiligen Namen oder auf einer selbst gestalteten Briefmarke ein persönliches Bild hinzufügen.

Schlaufen und Haken

Wie oft fallen beim Skifahren die Handschuhe in den Schnee, wenn man sie auszieht? Werden sie einfach mit Schlaufen am Handgelenk befestigt, passiert das nicht mehr. Auch der einfache Haken am Geschirrtuch, an der Jacke oder am Verlängerungskabel oder Gartenwerkzeug zum Aufhängen haben einen großen Nutzen. Einfacheres Handling und mehr Komfort sind das Resultat.

Weitere Beispiele

- Beschriftungen und Symbole in Hotelgängen zur besseren Orientierung
- Karten mit dem Joggingpfad rund ums Hotel, die der Gast beim Laufen umhängen kann
- Informationstafeln, die die Belegung des Parkhauses anzeigen
- Tasche am Strandhandtuch, in der kleine Utensilien gut verstaut werden können
- Zusätzliche Unterteilung in der Geschäftstasche für bessere Ordnung
- Mixer mit drei statt einer Geschwindigkeitsstufe
- Tee im Teebeutel
- Zusätzliche Schalter am Ladegerät, damit auch die Spule nicht immer unter Spannung ist und so Strom gespart wird
- Foto auf der Kreditkarte zum einfacheren Identifizieren des Inhabers
- Eine CD mit den Vorträgen wird den Kongressteilnehmenden zur Verfügung gestellt
- …

Fazit

Für einen Einstieg in das Thema „Einfachheit bei Produkten und Dienstleistungen" eignet sich diese Strategie sehr gut. Schon mithilfe relativ kleiner Maßnahmen können dabei wirksame Veränderungen realisiert werden.

Die mit dieser Strategie umsetzbaren Vereinfachungen sind meist nicht radikaler Art. Sie eignet sich ebenfalls dafür, Lösungen oder Konzepte auf andere Bereiche zu übertragen. Dadurch werden auf allen Ebenen des Unternehmens Fortschritte erzielt.

Es zeigt sich auch, dass sich bei der Umsetzung dieser Strategie sowohl Kunden als auch Lieferanten sehr gut integrieren lassen. In Kombination mit branchenfremden Personengruppen wird zudem der Horizont für mögliche Lösungen und weiteren Nutzen erweitert.

Einsatzmöglichkeiten der Strategie *Nutzen hinzufügen:*
Produkte   ✳ ✳ ✳
Prozesse/Dienstleistungen   ✳ ✳
Geschäftsmodelle   ✳

Hals und Beinbruch!

Stellen Sie sich vor, Sie möchten Ski fahren. Was benötigen Sie alles dazu?

_____

_____

_____

Was stört Sie auf dem Weg vom Auto oder Hotel zum Skilift am häufigsten? Was kostet Sie am meisten Kraft oder ist unbequem?

_____

_____

_____

Skizzieren Sie hier die zwei Problemsituationen und mögliche Lösungen, indem Sie gezielt Nutzen hinzufügen.

_____

_____

_____

_____

_____

_____

_____

_____

_____

_____

_____

_____

@ Work

Nennen Sie drei Produkte oder Dienstleistungen, die es in Ihrem Unternehmen schon lange gibt.

1.) _____

2.) _____

3.) _____

Wenn Sie nun an die Strategie *Nutzen hinzufügen* und die entsprechenden Beispiele denken: Was sollte diesen Produkten oder Dienstleistungen hinzugefügt werden, um diese zu vereinfachen?

_____

_____

_____

_____

_____

Was wird dadurch vereinfacht?

_____

_____

_____

_____

_____

_____

Ich sollte unbedingt einmal ...

_____

_____

_____

_____

_____

_____

Meine nächsten Schritte:

_____

_____

_____

_____

_____

_____

Strategie: Funktionen/Elemente verstecken

Ich sehe was, was du nicht siehst!

Wer kennt dieses alte Kinderspiel nicht: Ich sehe was, was du nicht siehst! Es geht darum, etwas zu erraten oder zu finden, was der andere vermeintlich sieht und was doch nicht für jeden sofort erkennbar ist. Die Strategie *Funktionen/Elemente verstecken* arbeitet genau mit diesem Phänomen. Bewusst werden Funktionen oder Elemente ergänzt oder kombiniert, um etwas zu verstecken. Das heißt nicht, dass sie nie gefunden werden sollen. Vielmehr sollen Funktionen oder Elemente dezent und an dem jeweiligen Objekt so versteckt werden, dass sie nur bei Bedarf zur Verfügung stehen.

Diese Strategie kann sowohl ohne als auch in Verbindung mit der Ergänzung neuer Funktionen eingesetzt werden. Oftmals kommt diese Strategie zum Einsatz, wenn es um das Design von Produkten geht. Durch ein geschicktes Produktdesign werden die sichtbaren Funktionen auf das Minimum reduziert, um die Übersichtlichkeit zu erhöhen und die Bedienbarkeit zu vereinfachen. Die wichtigsten Elemente oder Eigenschaften werden in den Vordergrund gestellt.

Es wird etwas ergänzt, sodass die Funktionen nur bei Bedarf sichtbar oder nur die wichtigsten direkt verfügbar sind.

Impulsfragen für die Strategie *Funktionen/Elemente verstecken*:
- Welche Funktionen werden am häufigsten benötigt?
- Was sind absolute Spezialfunktionen?
- Welche Funktionen oder Elemente stehen im Mittelpunkt des Einsatzes?
- Welche Funktionen oder Elemente dürfen auf gar keinen Fall versteckt sein?
- Welche Funktionen oder Elemente sind für ein Einstellen oder Kalibrieren notwendig und werden nicht so oft benötigt?
- Was sind typische Zusatzfunktionen?

- Was stört das Gesamtbild, das Design und den Überblick?
- Welche Funktionen, Knöpfe, Anzeigen oder Regler sind unter hygienischen Gesichtspunkten besonders zu beachten, welche sind besonders empfindlich?
- Was kann nicht aus dem gleichen Material hergestellt werden wie die restlichen Komponenten?
- …

Fernbedienungen

Bei einer Fernbedienung für Klimageräte, Lüftung, Zeit- oder Licht-steuerung sind nur genau jene Knöpfe sichtbar, die für den Normal-betrieb notwendig sind. In der Folge wird es zu weniger Fehlbedie-nungen kommen; das überschaubare Design macht die Bedienung für jedermann einfach und es wirkt weder aufdringlich noch kompliziert.

Auch Tastaturen, zum Beispiel von Mobiltelefonen, können durch ein Verstecken geschützt werden. Auf diese Weise kommt es zu weniger Fehlbedienungen und gleichzeitig wird die empfindliche Technik ge-schützt.

Etikett und RFID

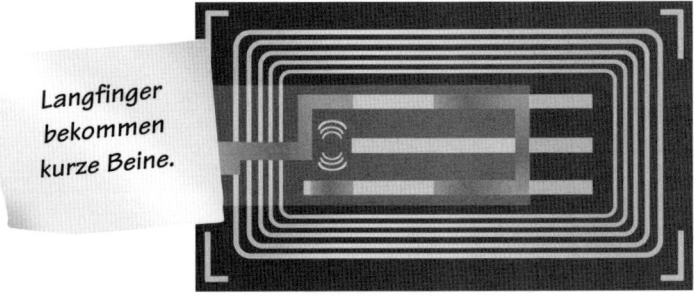

Produktetiketten werden auf der Rückseite mit RFID-Sicherheitskomponenten versehen. Diese sind nicht sichtbar und erfüllen ihre Aufgabe – den Schutz des Produkts vor Diebstahl – sehr gut. Die Hauptfunktion wurde geschickt versteckt. Im Vordergrund steht hier nicht die Kombination, sondern das Verstecken des Sicherheitssystems.

Domainnamen kürzen

Lange Domainnamen mit detaillierten Produktinformationen sind für ein gutes Ranking bei Suchmaschinen wichtig. Andererseits kann man sie sich nur schlecht merken oder im Bereich von Social Media angeben. Daher gibt es die Dienstleistung, WWW-Adressen zu kürzen, sie bestehen dann nur noch aus wenigen Buchstabenkombinationen. Hinter diesen kurzen Kombinationen versteckt sich dann der lange, reguläre Name.

Steuer- und Regeleinheiten verstecken

Ja nicht am falschen Knopf drehen!

Wenn bei diesem Pool die ganzen Steuer- und Regeleinheiten sichtbar wären, würde das einen großen Aufwand bezüglich Abdichtung und Schutz vor Klimaeinflüssen bedeuten. Diese lassen sich viel besser unten im Whirlpool verstecken. Nur noch die Grundfunktionen sind offen erkennbar und können direkt eingestellt werden.

Apps & Co.

Die müssen sich nicht verstecken!

Seit einigen Jahren sind Apps auf Mobilfunkgeräten und auch auf anderen Bediengeräten nicht mehr wegzudenken. Sie dienen dazu, eine Funktion oder Information speziell in den Vordergrund zu stellen. Alles andere wird ausgeblendet beziehungsweise versteckt. Dadurch entsteht eine hohe Informationsdichte und das Ganze ist für den Nutzer sehr übersichtlich.

Menüs in Softwareprogrammen

Softwareprogramme sind heutzutage so aufgebaut, dass nur die Hauptfunktionen direkt auf der Oberfläche zu sehen sind. Die Zusatzfunktionen oder Zusatzinformationen befinden sich in Untermenüs. Das erleichtert die Orientierung auch in einem komplexen Programm enorm.

Weitere Beispiele

- Designer versenken Beleuchtungen in Schränken und Kommoden; Displays werden hinter Spiegeln versteckt und sind nur im Betriebszustand erkennbar; die Empfangseinheiten von DVD-Rekordern oder Satellitenreceivern sind dezent auf Ablagen erkennbar, die Geräte selbst werden in Korpussen „versteckt".
- Der Geschirrspüler hat von außen keine sichtbaren Regler mehr, nur noch das LED-Licht auf dem Boden verrät den Betriebszustand.
- Lautsprecher werden als Bilder oder Wandelemente gebaut und sind nicht direkt in ihrer Funktion zu erkennen.
- Steuereinheiten in Maschinen (oder auch das Mobiltelefon im Auto) sind hinter einer Blende versteckt und mit zusätzlichen Einheiten von außen zu bedienen. Dadurch wird die Designgestaltung einfacher und nur die wirklich notwendigen Funktionen und Einheiten sind direkt ersichtlich.
- Spiegel dienen als Wandheizung, wobei man die Heizung nicht sehen kann.

Fazit

Die Strategie *Funktionen/Elemente verstecken* stellt eine Herausforderung an die Hersteller dar. Sie ist dann erfolgreich, wenn Funktionen nicht weiter reduziert oder weggelassen werden können. Die große Herausforderung liegt in der richtigen Trennung von Funktionen und Elementen. Zugänglichkeit, Sichtbarkeit und Bedienbarkeit stehen hier quasi in Konkurrenz zum Verstecken.

Anwender schätzen es, wenn sie nur mit den relevanten Funktionen bei einer Bedienung konfrontiert werden. Fachleute haben hingegen ganz andere Anforderungen. Hier ist im Vorfeld klar zu definieren, für wen es einfacher werden soll und welche Ansprüche Priorität haben. Das Thema Design spielt eine entscheidende Rolle und ist rechtzeitig mit zu berücksichtigen.

Einsatzmöglichkeiten der Strategie *Funktionen/Elemente verstecken:*
Produkte   ✳ ✳ ✳
Prozesse/Dienstleistungen   ✳
Geschäftsmodelle   ✳

In den eigenen vier Wänden
Denken Sie doch einmal an Ihr Wohnzimmer. Der Fernseher, die Stereoanlage, der DVD-Player und auch das Telefon befinden sich vermutlich in diesem Raum. Überall gibt es Kabel und Anschlüsse. Sie wurden einmal installiert und seitdem nicht mehr verändert. Sie könnten eigentlich versteckt werden. Dann wird das Putzen und Ordnung halten für Sie viel einfacher sein.

Was können Sie alles tun, um die Kabel zu verstecken?

_____

_____

_____

_____

_____

Was könnte ebenfalls noch in der Wohnung/im Haus versteckt werden? Übertragen Sie Ihre Erkenntnisse auf andere Objekte.

_____

_____

_____

_____

_____

Top or Flop!
Nennen Sie die zwei neuesten Produkte Ihres Unternehmens.

_____

Welche sind deren Hauptfunktionen?

1.) _____   1.) _____

2.) _____   2.) _____

3.) _____   3.) _____

Was sind Nebenfunktionen oder nicht häufig benötigte Funktionen?

1.) _____   1.) _____

2.) _____   2.) _____

3.) _____   3.) _____

Wenden Sie nun die Strategie *Funktionen/Elemente verstecken* an und überlegen Sie, was man vereinfachen könnte.

Produkt 1: _____

_____

Produkt 2: _____

_____

Dinge aus diesem Kapitel, die ich nicht vergessen will:

_____

_____

_____

_____

_____

_____

_____

_____

_____

_____

_____

_____

_____

_____

_____

_____

_____

_____

_____

Prinzip Ersetzen

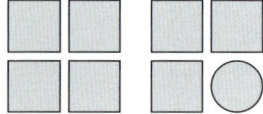

Während das Prinzip *Weglassen* einen radikalen Ansatz hat – Dinge, die nicht (mehr) nötig sind, werden ersatzlos gestrichen –, ist das Prinzip *Ersetzen* weniger fundamental. Hier geht es darum, Möglichkeiten zu prüfen, wo etwas Bestehendes durch etwas anderes ersetzt werden kann, damit Einfachheit erreicht wird.

Definition
Etwas Bestehendes durch etwas Neues auswechseln.

Strategien für die Umsetzung des Prinzips *Ersetzen* sind:
- Grundlegendes wegdenken *(Die Flügel stutzen)*
- Dimension verändern *(Bigger, better, faster)*
- Konzept übertragen *(Der Sache auf den Grund gehen)*

Strategie: Grundlegendes wegdenken

Die Flügel stutzen
Dabei versuchen wir unser Denken mit einem provokativen Ansatz in eine andere Richtung zu lenken. Im übertragenen Sinn ist es so, als würden wir einem Vogel die Flügel stutzen. Diese Einschränkung hindert

das Tier am Fliegen. Was passiert nun, da die elementaren Flügel nicht mehr vorhanden sind? Welche Lösungswege würde das Tier suchen, um sich fortzubewegen, sich zu schützen und Nahrung zu finden?

Elemente oder Funktionen, die heute wichtig sind, werden vorübergehend gestrichen.

Aus dieser neuen Situation heraus werden nun Vereinfachungsideen abgeleitet, die sich für die Ausgangslage als mögliche einfachere Lösungswege bieten.

Wichtig:
Auf den ersten Blick hat die Strategie *Grundlegendes wegdenken* Ähnlichkeit mit der Strategie *Funktionen/Elemente streichen,* die zum Prinzip *Weglassen* gehört.
Dabei besteht jedoch ein großer Unterschied: Bei der Strategie *Funktionen/ Elemente streichen* lässt man Dinge komplett weg, die als nicht (mehr) nötig oder unwichtig erachtet werden. Bei der Strategie *Grundlegendes wegdenken* wird etwas erst einmal gestrichen, um zu sehen, was entsteht.

Impulsfragen für die Strategie *Grundlegendes wegdenken*:
- Wie kann das gleiche Ziel ohne unser Hauptinstrument erreicht werden?
- Wie sieht unsere Dienstleistung aus, wenn wir nicht mehr persönlich beim Kunden vor Ort sind?
- Was bedeutet es für uns, wenn unser Verkaufskanal nicht mehr verfügbar ist?
- Was kann alternativ zum bisherigen Prozess gemacht werden, um das gleiche Resultat zu erreichen?
- Kann auch ein ganz anderes Material zum Einsatz kommen?
- Wie können wir ohne unser Topprodukt den gleichen Erfolg erzielen?

- Unser Hauptlieferant fällt aus, was bedeutet das?
- Welche grundlegenden Funktionen könnten probehalber weggelassen werden?
- ...

Dyson-Technologie

Neue Technologien durch intelligente Fragen

Der innovative Dyson-Staubsauger hat weder Beutel noch Filter im Gerät. Eine neue Technologie lässt den Luftstrom die Staubpartikel wegschleudern, damit die Saugkraft konstant bleibt. Der Dyson-Ventilator hat keine Rotorflügel und der Luftstrom zirkuliert stufenlos. Das Ergebnis sind leisere Geräte mit weniger Gesundheitsrisiken sowie dem Vorteil, dass die Reinigung einfacher ist.

Weinbehälter

Qualitätsweine – frisch ab Box

Die Weinflasche wird durch eine luftdichte Kartonbox mit Vakuum-beutel ersetzt. Die Lagerung sowie die Entsorgung werden für den Konsumenten einfacher und die Produktion wird kostengünstiger. Inzwischen gibt es auch Qualitätsweine, die in diesem neuen Behälter gelagert werden.

Akku laden

Der Induktions-
herd fürs
Notebook

Der Akku wird nicht mehr über den separaten Stecker geladen. Er wird bei diesem Notebook über Induktion auf der Dockingstation aufgeladen und die bisherige Steckerverbindung entfällt.

Weitere Beispiele
- Der Closomat – die klassische WC-Papierrolle wird durch eine spezielle Technik mit Wasserstrahl und Lufttrocknung ersetzt.
- Beim iPad wird die Tastaturfunktion vom Bildschirm abgedeckt.
- Beim Stehempfang werden die Tische durch Glashalter am Teller ersetzt.
- Der Kreisverkehr ersetzt die klassische Verkehrsampel.
- Der Schlüsselsafe an der Wand der Autowerkstatt macht die dauerhafte Präsenz einer Person bei Fahrzeugannahme oder -abholung überflüssig.

Fazit

Der provokative Ansatz der Strategie *Grundlegendes wegdenken* löst einen kreativen Prozess aus, der das Querdenken anregt und Alternativen aufzeigt, die zu mehr Einfachheit führen können.

Die Anwendung dieser Strategie setzt ebenfalls gute Kenntnisse über die Produkte, die Dienstleistungen oder die Prozessschritte voraus, die vereinfacht werden sollen. Es entstehen dabei auch viele andere Ideen, die nicht direkt etwas vereinfachen (aber eventuell später).

Einsatzmöglichkeiten der Strategie *Grundlegendes wegdenken:*
Produkte   ✳ ✳ ✳
Prozesse/Dienstleistungen ✳ ✳ ✳
Geschäftsmodelle   ✳ ✳ ✳

Und jetzt sind Sie dran

Entwickeln Sie zu den folgenden drei Bereichen eigene Beispiele mithilfe der Strategie *Grundlegendes wegdenken*. Danach suchen Sie mindestens drei Lösungsalternativen.

Auto

Grundlegendes wegdenken: _____

Vereinfachungsideen:

1.) _____

2.) _____

3.) _____

Hotel

Grundlegendes wegdenken: _____

Vereinfachungsideen:

1.) _____

2.) _____

3.) _____

Tisch

Grundlegendes wegdenken: _____

Vereinfachungsideen:

1.) _____

2.) _____

3.) _____

Mein eigenes Beispiel

Wie wenden Sie die Strategie *Grundlegendes wegdenken* bezogen auf Ihr Produkt, Ihren Prozess oder Ihre Dienstleistung an? Welches notwendige Element lassen Sie weg?

_____

Was kann danach passieren? Ideen für Vereinfachungen:

_____

_____

_____

_____

Wählen Sie eine Idee aus. Was wird für wen einfacher?

_____

_____

Ihr Fazit?

_____

_____

Meine nächsten Schritte oder wichtige Notizen:

_____

_____

_____

_____

_____

_____

_____

_____

_____

_____

Strategie: Dimension verändern

Bigger, better, faster
Wenn wir bestimmte Produkte nutzen, haben wir manchmal den Eindruck, dass der Gebrauch nicht gerade einfach ist. Die Strategie *Dimension verändern* – oder eben *bigger, better, faster* – kann dabei helfen, für den Konsumenten die Bedienung dieser Produkte (oder Dienstleistungen) zu vereinfachen.

> Die Veränderung einer oder mehrerer Dimensionen – die Dimension kann dabei physischer oder zeitlicher Natur sein.

Ist der Fokus zur Vereinfachung definiert, fragen wir uns, ob der Gebrauch oder der Ablauf durch eine Veränderung der Dimension vereinfacht werden kann. Durch diese Veränderung können allenfalls Risiken minimiert oder Dinge schneller gelöst werden.

Impulsfragen für die Strategie *Dimension verändern:*
- Welcher Teil kann größer gemacht werden?
- Kann etwas verkleinert werden?
- Wie kann ich die Form ändern, damit die Anwendung vereinfacht wird?
- Wie kann ich das gewünschte Ergebnis in kürzerer Zeit erreichen?
- Wie können wir es leichter machen?
- Wie kann der Konsument das Produkt besser lagern, öffnen, auspacken, reinigen?
- Was kann ich schneller abwickeln?
- Lässt sich etwas öfter tun?
- …

Produktöffnungen

Einfacheres Öffnen mit weniger Kraftaufwand

Tuben, Dosen und andere Behälter sind oft schwierig zu öffnen. Es braucht einiges an Kraft oder ein Hilfsmittel wie beispielsweise Schere oder Dosenöffner, um an den Inhalt zu gelangen. Vergrößert der Hersteller den Verschluss, können die Produkte einfacher geöffnet werden. Auf diese Weise wird sowohl die Verletzungsgefahr als auch die Unzufriedenheit des Kunden reduziert.

Lichtschalter

Optimierte Sicht- und Bedienbarkeit durch Vergrößerung

Die Schalter, die man im Aufzug, im Bus oder im Zug drücken muss, und auch die Lichtschalter in unseren Privaträumen werden immer größer – mit dem Ergebnis, dass man sie einfach besser und schneller sieht und sie von Menschen jeden Alters gut bedient werden können.

Wecker

Das Wichtigste auf den ersten Blick!

Bei Gegenständen des täglichen Gebrauchs wie zum Beispiel einem Wecker wird das Wichtige – die Ziffern, die uns die Zeit anzeigen – größer gestaltet als das weniger Wichtige, beispielsweise das Datum oder die Temperatur. Die Zeitangabe ist somit auf dem Display besser lesbar.

Weitere Beispiele
- Wichtige Headlines werden in der Zeitung oder in den Nachrichten größer dargestellt oder länger gezeigt als weniger wichtige Fakten.
- Auf Websites sind die wichtigen Features oder Bedienungselemente prominenter dargestellt als Dinge, die seltener benutzt werden.
- Beim Notengeld gibt es häufig eine Größenregel: Je größer das Format, desto höher der Wert. Das trifft beispielsweise auf Schweizer Franken und den Euro zu.

- Das Schmieröl für Motorsägen wird durch einen kleinen Schlauch mit einer kleinen Öffnung eingefüllt anstatt durch eine große Öffnung, bei der viel Öl verschüttet werden kann.
- Die Felgen eines Klappfahrrades wurden so verkleinert, dass das Fahrrad mühelos im Kofferraum verstaut werden kann.
- Die Räder eines Kinderwagens wurden so vergrößert, dass er einfacher geradeaus gesteuert werden kann.
- Bei einem Anrufbeantworter besteht die Möglichkeit, die Nachricht beim Abhören zu verlangsamen, damit man eine Telefonnummer oder wichtige Informationen sofort notieren kann und nicht mehrmals neu starten muss.
- Es gibt viele Selbstbedienungsaktivitäten wie zum Beispiel den Blumenverkauf ganz in der Nähe der Blumenfelder. Gebundene Sträuße stehen bereit und der Kunde zahlt das Geld in eine Kasse, die fest installiert ist. Es gibt keine Mitarbeiter vor Ort und der Kunde kann die Sträuße rund um die Uhr erstehen.
- In einigen Behörden gibt es mittlerweile an bestimmten Tagen verlängerte Öffnungszeiten, damit alle die Möglichkeiten haben, die nötigen Erledigungen zu tätigen.
- ...

Fazit

Einfachheit wird erreicht, wenn wir Dimensionen so verändern, dass der Gebrauch von Produkten oder Dienstleistungen vom Nutzer als angenehm und logisch empfunden wird. Das intuitiv richtige Anwenden steht im Zentrum. Die Strategie eignet sich besonders für die Vereinfachung von Produkten oder Dienstleistungen. Am Ende sollte eine gestiegene Kundenzufriedenheit stehen.

Einsatzmöglichkeiten der Strategie *Dimension verändern*:

Produkte	✳ ✳ ✳
Prozesse/Dienstleistungen	✳ ✳
Geschäftsmodelle	✳

Der Schweizer Uhrmacher ...
Skizzieren Sie eine Uhr für alte Menschen. Wenden Sie die Strategie
Dimension verändern an.

Wo hilft mir diese Strategie?

Üben Sie an einem eigenen Beispiel (Produkt oder Dienstleistung) mit der Strategie *Dimension verändern.*

Wo soll Einfachheit erreicht werden?

_____

_____

_____

Wo und in welcher Form wird eine Dimension verändert?

_____

_____

_____

_____

Was wird dabei besser und für wen?

_____

_____

Mein Fazit?

_____

_____

_____

_____

_____

Lesson learned 1:

_____

_____

_____

_____

_____

_____

Lesson learned 2:

_____

_____

_____

_____

_____

_____

Lesson learned 3:

_____

_____

_____

_____

_____

Strategie: Konzept übertragen

Der Sache auf den Grund gehen

Die Redewendung „Gehen wir der Sache auf den Grund" beschreibt diese Strategie sehr gut. Erst wenn wir erkennen, um was es im Kern geht, können Alternativen dazu entwickelt werden. Das Wissen um das eigentliche Konzept hilft uns dabei, neue Vereinfachungsideen zu finden. Wir sollten uns fragen: Welches Konzept liegt hinter einer Dienstleistung, dem Prozess oder dem Produkt? Oder ganz konkret: Um was geht es eigentlich?

Was ist die Funktion und welche alternativen Lösungen lassen sich daraus ableiten?

Ein einfaches Beispiel:

Welche Möglichkeiten gibt es, das Wasser aus einem Wasserglas zu entfernen, ohne dieses zu berühren oder zu zerstören? Ideen könnten sein:

- das Glas mit einem Strohhalm austrinken
- Blumen in das Glas stellen
- das Glas an die Sonne stellen
- das Wasser auspumpen
- Steine in das Glas füllen
- das Glas mit Hochdruck ausblasen

All diesen und vielen weiteren Ansätzen liegen drei Konzepte zugrunde, die man erkennen muss, um das Wasser zu entfernen:

1. Verdrängen
2. Absaugen
3. Energie zuführen

Wenn das Konzept einmal erkannt wurde, lassen sich nun weitere Möglichkeiten ableiten, die teilweise sogar einfacher sind als die bisher angewendete Lösungsvariante.

Auf der Suche nach den einfacheren Lösungsvarianten für die Aufgabe oder Produktgestaltung soll uns die Strategie *Konzept übertragen* unterstützen. Zur besseren Orientierung ist es oft hilfreich, sich auch andere Branchen anzusehen. Wie tun es andere? Daraus können Analogien auf den eigenen Bereich abgeleitet werden.

Impulsfragen für die Strategie *Konzept übertragen:*
- Welche Möglichkeiten gibt es für uns noch, etwas auf eine andere Weise zu erledigen?
- Mit welcher anderen Funktionsweise erreichen wir dasselbe Resultat?
- Mit welchen anderen Lösungsvarianten erreichen wir unsere Zielsetzungen?
- Was ist die Idee hinter der Idee?
- Was ist der Kern beziehungsweise die Abstraktion dieses Features und wie könnte das Gleiche sonst noch erreicht werden?
- Wie könnte diese Funktion sonst noch erreicht werden?
- Welche neuen Konzepte und Lösungen gab es in anderen Branchen in den letzten zwei bis fünf Jahren? Was bedeutet das für uns?

Anti-Tropf

Konzept erkennen
und übertragen

Dabei handelt es sich um ein einfaches Lösungsprinzip für den Weinausschank – ohne lästiges Nachtropfen. Die runde, organische Form, oft aus weichem, formbarem Material, dichtet ab und tropft nicht. Der Tropf-Stop lässt sich einfach verstauen, ist kostengünstig und elegant. Die Inspiration dafür kommt aus der Natur – man denkt an ein Blatt als formbares Element, welches die Tropfen kanalisiert.

Zentrale Dokumente

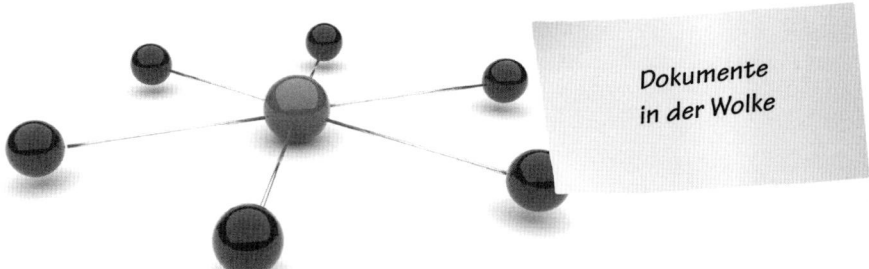

Bei Google Docs beispielsweise können mehrere Nutzer zentral auf ein Dokument zugreifen, das sich auf einem Remote Server befindet. Dadurch wird die Zahl möglicher Fehler weitestgehend reduziert. Alle Nutzer arbeiten immer mit der aktuellsten Version; außerdem wird der Zeitaufwand geringer.

Flatrate

Früher wurde die Nutzung des Internets nach Minuten verrechnet. Heutzutage haben fast alle Nutzer eine Flatrate. Flatrate-Preismodelle gibt es in vielen Branchen, zum Beispiel in der Telekommunikation oder im Energiesektor. Weitere Möglichkeiten: Dauerkarten fürs Schwimmbad oder für den Kinobesuch oder Fitnessabos. Diese Modelle vereinfachen für den Kunden und den Anbieter die Nutzung und die Abrechnung.

Klebstoffe

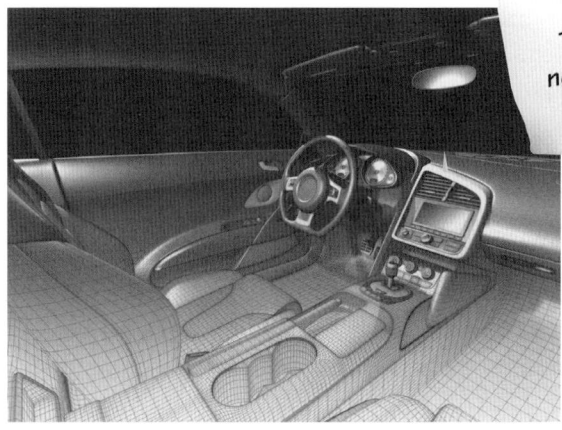

Moderne Technologien neuen Branchen zuführen

Mithilfe neuer Technologien wurden Klebstoffe entwickelt, die sowohl im Automobil- und Flugzeugbau als auch in der Bauindustrie eingesetzt werden können. Das grundlegende Konzept „Verbinden" wird in diesen Fällen nicht mehr mit den Mitteln Nieten oder Schweißen gelöst, sondern mit Klebstoffen.

Weitere Beispiele

- Das Modell des Yield-Managements (eine spezielle Form der Preisdifferenzierung) aus der Hotellerie wird auf andere Bereiche übertragen, wie zum Beispiel auf den Skilift.
- Mietservices gibt es heute für eine Vielzahl von Dingen: Autos, Skier, Filmausrüstungen, Boote und sogar Kühe.
- Abonnements gibt es nicht nur für den öffentlichen Verkehr und das Theater sondern auch für Rasierklingen, Socken, frische Eier, Kondome, Früchtekorb, Brot …
- Hybride Antriebe werden inzwischen bei Lokomotiven, Booten und im Automobilbau eingesetzt.
- Die Leichtbauprinzipien von Flugzeugen werden auf Bauelemente in der Verpackung übertragen.
- Fahrradschläuche kann man – wie Zigaretten oder Süßigkeiten – aus einem Automaten vor dem Fahrradgeschäft ziehen.

- Die GPS-Ortung von Fahrzeugen wird auf Tiere übertragen, deren Wege man verfolgen möchte.
- …

Fazit
Die Strategie eignet sich für alle Ausgangslagen, in denen festgefahrene Denkmuster überwunden und einfachere Lösungsvarianten gesucht werden.

Einsatzmöglichkeiten der Strategie *Konzept übertragen:*

Produkte	✶ ✶ ✶
Prozesse/Dienstleistungen	✶ ✶
Geschäftsmodelle	✶ ✶

Nature Trail

Machen Sie einen kurzen Spaziergang in der Natur (allein oder im Team). Suchen Sie sich einen Gegenstand oder machen Sie eine Beobachtung. Welches *Konzept* erkennen Sie und wie könnte es auf ein neues Produkt *übertragen* werden?

Die Klette als Inspiration. Sie bleibt an unserer Kleidung haften. Diese Funktion findet sich heute beim Klettverschluss.

Meine Pflanze:

_____

Konzept:

_____

Meine Produktidee:

_____

Mein eigenes Beispiel

Denken Sie an Ihr Produkt oder Ihre Dienstleistung und formulieren Sie daraus ein mögliches Konzept (was ist der Zweck, um was geht es?).

Mein Produkt/unsere Dienstleistung:

_____

_____

_____

Formulieren Sie ein Konzept:

_____

_____

_____

_____

_____

_____

Suchen Sie nach drei Lösungswegen, den Zweck einfacher zu erfüllen.

1.) _____

2.) _____

3.) _____

Für wen vereinfacht sich dadurch etwas?

1.) _____

2.) _____

3.) _____

Lesson 1:

_____

_____

_____

_____

_____

_____

Lesson 2:

_____

_____

_____

_____

_____

_____

Lesson 3:

_____

_____

_____

_____

_____

Prinzip Wahrnehmen

„Weil einfach einfach einfach ist."

WERBESPRUCH, SIMYO, 2005

Einfachheit hat viel mit Wahrnehmung zu tun. Etwas muss nicht nur einfach sein, sondern vom Betrachter auch als einfach wahrgenommen werden. Dabei handelt es sich aus Sicht des Kunden oder Benutzers oft auch nur um eine gefühlte Einfachheit. Es können zwar komplexe Prozesse hinter einem Vorgang oder einer Sache stehen, der Nutzer nimmt das Ganze aber als einfach wahr, weil es schnell geht oder weil ihm gewisse Aspekte bekannt vorkommen.

Definition
Kurzweiligkeit erzeugen und Bekanntes verwenden.

Es sind zwei sehr unterschiedliche Strategien, die unter dem Prinzip *Wahrnehmen* beschrieben werden. Bei der ersten Strategie wird die Zeit beziehungsweise die gefühlte Zeit betrachtet: Wie könnte die Zeit verkürzt werden oder was könnte man tun, damit die gefühlte Zeit kürzer ist? Bei der zweiten Strategie versucht man, an Bekanntes anzuknüpfen, um dem Betrachter einen Referenzpunkt zu geben.

Strategien für die Umsetzung des Prinzips *Wahrnehmen* sind:
- Zeit verkürzen (*Tempo, Tempo*)
- Bekanntes übernehmen (*Was der Bauer (nicht) kennt ...*)

Strategie: Zeit verkürzen

Tempo, Tempo
Es gibt nichts Langweiligeres, als an der Kasse in einer langen Schlange zu warten oder am Telefon zu hören, dass noch vier andere Anrufer in der Warteschlaufe sind, oder dem alten Rechner beim langwierigen Starten zuzusehen. Warten will heute niemand mehr. Wir leben nach dem Motto: Ich will es hier und jetzt!

Wenn etwas kurz dauert oder kürzer als erwartet, wird es automatisch als einfach wahrgenommen. Zeit verkürzen ist, wie wir bereits wissen, oft nur eine gefühlte Vereinfachung.

Prozesse zeitlich verkürzen oder das Gegenüber in der Zwischenzeit beschäftigen.

Impulsfragen für die Strategie *Zeit verkürzen*:
- Wie und wo könnte die Zeit für den Kunden verkürzt werden?
- Kann der Fortschritt eines Prozesses grafisch, akustisch oder haptisch angezeigt werden?
- Welche Informationen, die für den Kunden interessant sind, könnten ihm zur Überbrückung der Wartezeit gegeben werden?
- Wie könnte die gefühlte Zeit bis zur Leistungserbringung verkürzt werden?
- Kann der Kunde in der Wartezeit sinnvoll beschäftigt werden?
- Können weitere Schritte schon während der Wartezeit erledigt werden?
- Wie könnte der Kunde abgelenkt werden?
- Können Kunden in die Leistungserbringung mit einbezogen werden?
- ...

Darstellung des Arbeitsfortschritts

Beim Download oder der Installation einer Software wird der Arbeitsfortschritt grafisch angezeigt. Der Nutzer kann in etwa abschätzen, wie weit der Vorgang schon ist. Außerdem werden oft Minuten und Sekunden oder Prozentzahlen genannt, so weiß der Nutzer, wie lange die Installation voraussichtlich dauert.

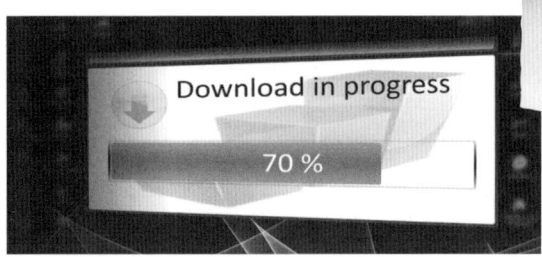

Auch ein abschwellender Ton kann den Arbeitsfortschritt anzeigen. Der Ton ist zu Anfang sehr laut und wird gegen Ende der Installation leiser.

Unterhaltung in der Warteschlage

Um die gefühlte Zeit in der Warteschlage vor Vergnügungsparks zu verkürzen, werden die Besucher unterhalten und beschäftigt. Sprechende Stofftiere, die durch die Reihen gehen, Monitore mit Actionbildern einer Bahn, Verpflegungsstände und Informationstafeln mit Warnhinweisen verkürzen die gefühlte Wartezeit und entspannen die Besucher.

Bestätigungsmail

Heute ist die Bestätigung, die kurz nach einer Bestellung im Internet per E-Mail beim Kunden eintrifft, längst ein Standard. Dieser Vorgang ist automatisiert, niemand muss mehr warten, bis eine echte Person die Bestellung manuell bestätigt. Diese Automatisierung und die sofortige Bestätigung scheinen das Einkaufen einfacher zu machen.

Weitere Beispiele

▨ Bildschirme, auf denen Nachrichten und Werbefilme eingespielt werden, verkürzen in öffentlichen Verkehrsmitteln die gefühlte Fahrzeit.

▨ Selbstbedienungsrestaurants beschleunigen den Kaufprozess, indem der Kunde in die Dienstleistung einbezogen wird.

▨ Musik oder Witze in der Warteschleife eines Callcenters machen den Anrufer etwas geduldiger.

▨ Zeitungen und Magazine im Wartezimmer eines Arztes lenken von der bevorstehenden Behandlung ab und verkürzen die gefühlte Wartezeit.

▨ Anzeigetafeln, die darüber informieren, wann genau der nächste Bus kommt, machen das Warten an Bushaltestellen besser planbar und erträglicher.

▨ Informationstafeln an Post-, Bank- und Bahnschaltern lenken von der Wartezeit ab.

▨ Das Bordrestaurant in der Bahn bringt mehr Abwechslung in eine lange Zugfahrt.

▨ Unterhaltungssysteme mit Musik, Filmen und Spielen machen den Flug abwechslungsreicher.

▨ …

Fazit

Die Strategie *Zeit verkürzen* wird heute schon oft eingesetzt, das zeigen die vielen Beispiele. Sie hat einen eher geringen Neuigkeitswert. Es gibt jedoch noch sehr viel Potenzial für diese Strategie – gerade in Verwaltungen, kleinen und mittleren Unternehmen oder internen Prozessen.

Einsatzmöglichkeiten der Strategie *Zeit verkürzen:*

Produkte   ✳

Prozesse/Dienstleistungen   ✳ ✳ ✳

Geschäftsmodelle   ✳ ✳

Auf einen Burger bei McCheaper

Wie könnte mit der Strategie *Zeit verkürzen* die gefühlte Wartezeit an der Theke eines Fast-Food-Restaurants für die Kunden verkürzt werden?

Machen Sie drei konkrete Vorschläge:

Vorschlag 1: _____

_____

_____

Vorschlag 2: _____

_____

_____

Vorschlag 3: _____

_____

_____

Und bei Ihnen?

Wie könnten Sie für Ihre Kunden die gefühlte Wartezeit verkürzen?
Sie haben keinen direkten Kundenkontakt? Dann nehmen Sie doch Ihre internen Kunden oder Arbeitskollegen als Beispiel.

Welcher Warteprozess soll vereinfacht werden?

_____

_____

Für wen soll etwas (gefühlt) einfacher werden?

_____

_____

_____

_____

_____

Erste Vereinfachungsideen?

_____

_____

_____

_____

_____

_____

_____

Dinge aus diesem Kapitel, die ich nicht vergessen will:

_____

_____

_____

_____

_____

_____

_____

_____

_____

_____

_____

_____

_____

_____

_____

_____

_____

_____

_____

_____

Strategie: Bekanntes übernehmen

Was der Bauer (nicht) kennt ...
... isst er nicht. So lautet ein bekanntes Sprichwort. An Neues oder Unbekanntes müssen wir uns erst gewöhnen, was meistens mit einer Umstellung und einem gewissen Aufwand verbunden ist.

Bekannte der Autoren gründeten vor Jahren ein Softwareunternehmen und suchten nach einem passenden Namen. Nach mehreren Runden legte man sich schließlich auf den Fantasienamen „Ascentiv" fest. Das Resultat: Viele Kunden waren der Meinung, diese Firma zu kennen oder zumindest den Namen schon einmal gehört zu haben. „Ascentiv" klingt scheinbar so ähnlich wie die Namen einiger bekannter größerer Unternehmen. In diesem Fall wurde die Strategie *Bekanntes übernehmen* eher unbewusst angewandt.

An Bekanntes oder Bestehendes anknüpfen.

Impulsfragen für die Strategie *Bekanntes übernehmen*:
- Welche Standards oder Quasi-Standards können übernommen werden?
- Was kennt der Kunde bereits? Kann dies für ein Produkt, eine Dienstleistung, eine Visualisierung oder einen Prozess eingesetzt werden?
- Gibt es Preismodelle aus anderen Bereichen, die bekannt sind und die man übernehmen könnte?
- Welches Symbol steht für eine Branche, für ein Produkt oder eine Dienstleistung? Könnte man sich daran orientieren?
- Was könnte man aus einem anderen Bereich kopieren, das allgemein bekannt ist?
- Was klingt ähnlich wie ...? Was sieht ähnlich aus wie ...? Was funktioniert ähnlich wie ...?
- ...

Bedienungssymbole bei elektronischen Geräten

Die Symbole für Play, Fast Forward, Pause und On/Off sind heute Standards. Diese Symbole werden nicht mehr nur für Musikabspielgeräte verwendet. Man findet sie auch bei Küchengeräten und Softwareprodukten und als Bestandteil von Unternehmenslogos. Über die Zeit wurden diese Symbole zu einem Standard, den jeder kennt.

Bekannte Symbole für einfache Orientierung

Preismodelle

Im Flugverkehr wird es mittlerweile allgemein akzeptiert, dass kaum jemand den gleichen Preis zahlt wie der Sitznachbar. Die Fluggesellschaften versuchen mit einem nachfrageorientierten System – dem Yield-Management – die Ticketpreise zu optimieren. Bis vor einigen Jahren kostete ein Skipass in den meisten Skigebieten am Montag genauso viel wie am Sonntag. Inzwischen ist man dazu übergegangen, unterschiedliche Preise für unterschiedliche Zeitfenster zu verlangen. Einige Kinos bieten reduzierte Preise für Nachmittags- oder Abendvorstellungen unter der Woche an. Am Wochenende sind die Preise dann am höchsten.

Gleiches Ticket, anderer Preis ...

Diese Preismodelle haben im Grunde mit Einfachheit nichts zu tun – im Gegenteil. Aber die Konsumenten haben sich daran gewöhnt und dieser Gewöhnungsfaktor macht es im Endeffekt dann doch einfacher.

Namensgebung für Unternehmen und Produkte

Die Strategie *Bekanntes übernehmen* kann bei der Namensgebung gut anwendet werden, um die Ausrichtung des Unternehmens klar darzustellen. Für den Kunden wird es einfacher, das Unternehmen beziehungsweise das Produkt einzuordnen.

- „Mc" oder „Mac" vor einem Namen steht meist für „günstig".
- „… and more" nach dem Namen soll auf ein größeres Leistungsspektrum hinweisen.
- „24" nach dem Namen steht für lange Öffnungszeiten oder für einen Onlineshop.
- „ix" am Schluss eines Firmennamens war während des New-Economy-Booms sehr populär und wies auf ein Internetgeschäftsmodell hin.

Bedienung von Software

Wenn man die Grundstruktur eines Softwareherstellers kennt, ist eine andere Software vom selben Hersteller meist gleich oder ähnlich aufgebaut. Die neue Software kann ohne große zusätzliche Kenntnisse leicht bedient werden.

Weitere Beispiele

- USB-Stecker haben sich als Standard für Peripheriegeräte durchgesetzt. Dies macht es für die Hersteller und die Nutzer erheblich einfacher.
- Verkehrssignale, die international zum Teil sehr ähnlich aussehen, machen das Autofahren im Ausland einfacher und sicherer.
- In besseren Hotels geht der Gast davon aus, dass auf seinem Zimmer eine gratis Flasche Wasser bereitsteht. Kunden wissen, was sie erwarten können.
- Die Farbe Rot wird generell als Warnfarbe eingesetzt.
- DIN A4 ist der Papierstandard in Europa. In USA und Asien sind andere Formate gebräuchlich.
- Internationale Normen für Werkzeuge, Sicherheitsvorschriften, Schnittstellen, elektronische Bauteile, Küchen, Mobilfunknetze und so weiter machen den globalen Handel einfacher als früher.
- Flatrates findet man in ganz unterschiedlichen Bereichen: Telefonieren, Internet, Frühstücksbüfetts, Fernsehgebühren und so weiter.
- Die Anordnung von Tastaturen bei Computern und Mobiltelefonen ist mittlerweile standardisiert.
- …

Fazit

Die Strategie *Bekanntes übernehmen* wenden wir oft bereits unbewusst an. Wenn die Strategie noch bewusster eingesetzt wird, hat sie ein großes Potenzial für Vereinfachungen. Alles, was ein Mensch sieht, erlebt und aufnimmt, versucht er etwas Bekanntem zuzuordnen. Wer mit Bekanntem arbeitet, hilft dem Menschen, es als einfacher wahrzunehmen.

Einsatzmöglichkeiten der Strategie *Bekanntes übernehmen:*

Produkte	✳ ✳ ✳
Prozesse/Dienstleistungen	✳ ✳ ✳
Geschäftsmodelle	✳ ✳ ✳

Der Bioladen

Stellen Sie sich vor, Sie möchten einen Bioladen eröffnen. An welchen Punkten könnten Sie auf allgemein Bekanntes zurückgreifen?

Namensgebung

Wie würde Ihr Bioladen heißen? Gibt es bekannte Namen oder Begriffe aus dem Bioumfeld, an die man sich anlehnen könnte?
Machen Sie drei Vorschläge für einen Namen:

1.) _____

2.) _____

3.) _____

Logo

Wie würde Ihr Logo aussehen? An welchen Logos könnten Sie sich orientieren, um die Ausrichtung Ihres Ladens auf biologische Nahrungsmittel zu unterstreichen?
Skizzieren Sie zwei Varianten:

Slogan

Gibt es einen bekannten Slogan, den Sie für Ihre Zwecke anpassen können?
Machen Sie drei Vorschläge:

1.) _____

2.) _____

3.) _____

Und in Ihrem Arbeitsumfeld?

Wo könnten Sie etwas einfacher machen, indem Sie *Bekanntes* oder bestehende Standards *übernehmen*? Denken Sie hier an Produktnamen, Quasi-Standards, Dienstleistungen aus anderen Branchen, bestehende Normen ...

_____

_____

_____

_____

_____

_____

Was mir sonst noch gerade in den Sinn kommt ...

_____

_____

_____

_____

_____

Workshop
für Vereinfachung

*„Man muss nicht nur mehr Ideen haben als andere, sondern auch
die Fähigkeit besitzen, zu entscheiden, welche dieser Ideen gut sind."*

LINUS CARL PAULING, ZWEIFACHER NOBELPREISTRÄGER

Sie haben den Entschluss gefasst, Ihre Produkte oder Prozesse zu vereinfachen. Wie geht es nun weiter? Hier finden Sie eine Anleitung und
einige Tipps und Tricks, wie Sie Ihren ersten Workshop zum Thema
Einfachheit anpacken können.

Vorbereitung

Aufgabenstellung definieren

Beantworten Sie zunächst die ersten drei grundlegenden Fragen, wie sie
auf Seite 20 dargestellt sind:
1. Was soll vereinfacht werden?
2. Warum soll etwas vereinfacht werden?
3. Für wen soll etwas einfacher werden?
Es lohnt sich, diese Punkte vor dem Workshop intern abzustimmen.

Problemstellung visualisieren

Versuchen Sie die Problemstellung möglichst visuell darzustellen: Nehmen Sie das Produkt, das es zu vereinfachen gilt, mit in den Workshop.
Oder zeichnen Sie den Prozess, um den es Ihnen geht, prominent auf
eine Wand, die mit Packpapier bespannt ist. Nehmen Sie eine Dienstleistung auf Video auf und zeigen Sie diese Aufzeichnung den Teilnehmern des Workshops. Skizzieren Sie die Problemstellung auf einem
Flipchart. Alles, was dabei hilft, die Problemstellung besser zu verstehen,
ist willkommen.

Vorauswahl der Strategien

Wählen Sie vor dem Workshop aus, mit welchen der vorgestellten Prinzipien und Strategien Sie arbeiten möchten. Wenn es darum geht, ein Produkt zu vereinfachen, kommen andere Strategien zum Einsatz als bei der Vereinfachung eines Verkaufsprozesses. Orientieren Sie sich an der Sternskala, die jeweils am Schluss jeder Strategie aufgeführt ist.

Teilnehmer einladen

Stellen Sie für Ihren Vereinfachungsworkshop eine Gruppe von sechs bis zwölf Personen zusammen, die mit dem Thema, das es zu vereinfachen gilt, gut vertraut sind. Falls die Teilnehmenden das Thema nicht gut kennen, besteht die Gefahr, dass etwas entweder gar nicht oder sehr einseitig vereinfacht wird. Wählen Sie nur Leute aus, die auch motiviert sind mitzuarbeiten. Sind es mehr als zehn Personen, bilden Sie zwei Untergruppen und lassen Sie das Thema parallel bearbeiten. Je kleiner die Gruppen sind, desto mehr ist der Einzelne eingebunden.

Durchführung

Reservieren Sie einen halben Tag für Ihren ersten Workshop. Erstellen Sie einen detaillierten Ablaufplan, damit Sie einen Leitfaden haben und wissen, wann Sie was tun. Um abschätzen zu können, wie lange der Workshop dauert, benötigen Sie ein klares Timing. Hier ein Vorschlag für einen möglichen Zeitablauf:

Zeit/Dauer	Inhalt
08.30 – 08.40 Uhr 10'	Erläutern Sie den Teilnehmern, was warum für wen vereinfacht werden soll.
08.40 – 09.15 Uhr 35'	Erklären Sie den Teilnehmern die Strategien, mit denen Sie arbeiten wollen. Die Anzahl der Strategien hängt vom Zeitbudget und der Anzahl der Teilnehmer ab.
09.15 – 09.20 Uhr 5'	Teilen Sie die Gruppe in kleinere Gruppen auf und geben Sie jeder Kleingruppe 1 bis 3 Strategien, mit denen sie arbeiten soll. Verteilen Sie an die Kleingruppen auch ein Merkblatt, auf dem die Strategien noch einmal in Form einer Zusammenfassung aufgeführt sind (zum Beispiel Kopien aus diesem Buch).
09.20 – 10.20 Uhr 60'	Die Kleingruppen suchen mithilfe der ihnen zugeteilten Strategien nach konkreten Vereinfachungsideen. Die Lösungsansätze werden direkt auf Moderationskarten oder große Haftnotizen geschrieben.
10.20 – 10.30 Uhr 10'	**Kaffeepause**
10.30 – 11.00 Uhr 30'	Die Gruppen präsentieren ihre Vereinfachungsansätze im Plenum und heften die Karten an eine Pinnwand.
11.00 – 11.30 Uhr 30'	Punktebewertung und Auswahl der besten Vereinfachungsideen.
11.30 – 12.00 Uhr 30'	In der Kleingruppe werden Vereinfachungssteckbriefe (Vorlage auf Seite 138) ausgefüllt. Jede Gruppe füllt von Hand 1 bis 3 Steckbriefe aus. Zeitbedarf pro Steckbrief etwa 10 Minuten.
12.00 – 12.30 Uhr 30'	Die Kleingruppen präsentieren ihre Vereinfachungssteckbriefe. Die Teilnehmer stellen Fragen und machen Ergänzungen.
12.30 – 13.00 Uhr 30'	Die nächsten Schritte werden definiert: Wer verfolgt welche Lösung weiter und bis wann?

Ideenspeicher für nicht passende Ideen

Im Laufe des Workshops werden immer wieder neue Ideen entwickelt, die gut sind, die jedoch nicht dem Ziel der Vereinfachung dienen. Diese Ideen sollen nicht vergessen werden. Erstellen Sie einen Ideenspeicher auf einem Flipchart oder einer Pinnwand und halten Sie darauf alle Ideen fest, die nicht genau zur Fragestellung passen beziehungsweise nicht der Vereinfachung dienen.

Arbeitsmittel

Arbeiten Sie im Workshop mit großen Haftnotizen oder Moderationskarten. Pro Vereinfachungsidee wird eine Karte oder ein Haftnotiz ausgefüllt. Das Arbeiten mit Karten *(Module und kleine Einheiten)* macht es einfacher. Ideen können dann immer wieder neu gruppiert werden *(neue Ordnung schaffen)*, sie können zusammengefasst werden *(Funktionen/Elemente kombinieren)* oder es ist leichter, gleiche Wirkungsmechanismen zu erkennen *(Konzept übertragen)*.

Ideenauswahl

Ausgangsbasis für die Auswahl der Vereinfachungsideen, die am meisten Erfolg versprechen, sind alle Ideen an einer Pinnwand. Vielleicht sind es über 100 Vereinfachungsideen, die evaluiert werden müssen. Für die erste grobe Auswahl der Vereinfachungsansätze empfiehlt sich ein fünfstufiges Verfahren, bei dem man sukzessive von einer Vielzahl an Ideen zu den wenigen Perlen gelangt.

Aus vielen Ideen die Perlen auswählen.

Schritt 1: Gleiches zu Gleichem

Wenn in mehreren Gruppen nach Vereinfachungen gesucht wird, sind Doppelnennungen oft unausweichlich. Daher werden in einem ersten Schritt Doppelnennungen gruppiert oder aussortiert.

Schritt 2: Alle Ideen durchnummerieren

Um von einer großen Anzahl an Ideen auf wenige zu kommen, ist die bekannte Punktebewertung eine effiziente Methode. Man stellt jedoch immer wieder fest, dass sich die Teilnehmer gegenseitig beeinflussen. Wenn für eine Idee schon viele Punkte vergeben wurden, ist es recht wahrscheinlich, dass ich meinen Punkt auch noch dieser Idee gebe. Eine Idee, die noch gar keine Punkte hat, wird hingegen kaum beachtet. Man beeinflusst sich also gegenseitig. Dies wird dadurch verhindert, dass erst alle Ideen durchnummeriert werden.

Schritt 3: Dot-mocracy

Jeder Teilnehmer kann eine gewisse Anzahl Klebepunkte auf die zu bewertenden Ideen verteilen. Bei einer Anzahl von acht bis zwölf Teilnehmern sind drei bis fünf Punkte pro Person optimal. Was dabei wichtig ist: Die Teilnehmer kleben ihre Punkte nicht direkt auf die Ideenkarten. Sie schreiben stattdessen die Nummern ihrer Favoriten erst auf ihre Klebepunkte. Auf einen Klebepunkt schreibt man zum Beispiel Idee 17, auf einen anderen Punkt die Zahl 37 und auf den dritten Punkt die Verbesserungsidee 24. Erst wenn alle ihre Wahl getroffen haben, werden die Punkte von allen gemeinsam auf die Karten geklebt. Diese Art der Punktebewertung bringt ausgewogenere und bessere Resultate.

Bei diesem Schritt kommen auch die ersten Auswahlkriterien zur Anwendung:

- Umsetzbarkeit
- Vereinfachungspotenzial
- Akzeptanz im Markt oder bei den Mitarbeitern
- …

Investition

Wir empfehlen, das Kriterium „Kosten" in diesem Auswahlstadium noch nicht zu bewerten. Es ist erfahrungsgemäß sehr schwierig zu bewerten, wie hoch die Kosten für die Umsetzung sein werden. Aber:

„Wer immer zu früh an die Kosten denkt, tötet die Kreativität. Wer zu spät an die Kosten denkt, ruiniert sein Unternehmen."

PHILIP ROSENTHAL, DEUTSCHER UNTERNEHMER

Schritt 4: Aufteilung in drei Gruppen

Im vierten Schritt werden die bewerteten Ideen in drei Gruppen eingeteilt. Diese drei Gruppen können mit TOP, OK und OUT bezeichnet werden. Das Ziel besteht darin, aus all den gefundenen Vereinfachungsideen die etwa sechs bis zwölf TOP-Ideen herauszufiltern. Mit dieser Anzahl an Vereinfachungsideen lässt sich anschließend effizient weiterarbeiten.

TOP: Ideen mit drei und mehr Punkten. Diese Lösungsansätze werden weiter verfeinert und mit einem Vereinfachungssteckbrief ausformuliert (ca. 5 bis 15 Prozent aller gefundenen Ideen).

OK: Lösungen mit ein bis zwei Punkten. Diese Ideenansätze können je nach Bedarf mit anderen Ideen kombiniert oder für spätere Verwendungszwecke aufbewahrt werden (ca. 30 bis 40 Prozent aller Ideen).

OUT: Ideen ohne Punkte. Diese werden in der Regel gar nicht weiter betrachtet (über 50 Prozent aller Ideen).

Schritt 5: Vereinfachungsideen ausformulieren

Bei der Ausformulierung der TOP-Ideen mithilfe eines Vereinfachungssteckbriefs wird die Vereinfachungsidee konkretisiert. Zum ersten Mal kann die Gruppe abschätzen, ob sich eine Lösung überhaupt umsetzen lässt.

Dieser Auswahlprozess in fünf Schritten hat sich in der Praxis bewährt. Er ist ein praktikables, effizientes und eher intuitives Verfahren. In der Regel dauert diese Bewertung etwa 30 bis 40 Minuten.

Konkretisierung

Der Vereinfachungssteckbrief

Die Dokumentation der Vereinfachungsidee ist ein wichtiger Schritt bei der Bewertung und Weiterentwicklung. Der Steckbrief fasst die Vereinfachungsidee auf einem Blatt für das Entscheidungsgremium zusammen. Oft entscheiden nicht die Teilnehmer eines Workshops darüber, welche Ideen schlussendlich umgesetzt werden. Um die Übersicht zu gewährleisten, wird jeweils eine Idee auf einem DIN-A4- oder DIN-A3-Blatt dokumentiert. Ziel eines Vereinfachungsworkshops ist es, die sechs bis zwölf besten Lösungsansätze zu dokumentieren.

Wir zeigen hier einen Vorschlag für einen einfachen Steckbrief. Dieser kann der jeweiligen Problemstellung und den unternehmensspezifischen Bedürfnisse angepasst werden.

VEREINFACHUNGSSTECKBRIEF

Workshop am … (Datum)

Name der Idee	
Thema (Was soll vereinfacht werden? Produkt, Prozess, Dienstleistung, Geschäftsmodell)	
Ziel der Vereinfachung (Warum soll etwas vereinfacht werden?)	
Zielgruppe (Für wen soll etwas einfacher werden?)	
Beschreibung der Vereinfachung	
Stärken/Vorteile dieser Vereinfachung	
Schwächen/Risiken dieser Vereinfachung	

Umsetzbarkeit?

☐ sehr leicht   ☐ leicht   ☐ anspruchsvoll   ☐ sehr anspruchsvoll

Vereinfachung?

☐ sehr große Vereinfachung   ☐ große Vereinfachung   ☐ kleine Vereinfachung   ☐ keine Vereinfachung

Fazit/Empfehlung	
Nächste Schritte	
Pate für diese Vereinfachungsmaßnahme	

Wichtige Punkte zum Schluss

- Einfachheit zu erreichen kann schwierig sein. Es müssen Zeit und Geld investiert werden.

- Einfachheit heißt nicht nur Dinge wegnehmen oder reduzieren. Auch etwas hinzuzufügen kann zu Einfachheit führen.

- Unternehmensweite Einfachheit kann nur erreicht werden, wenn das gesamte Unternehmen hinter der Vereinfachungsstrategie steht.

- Die wichtigste Frage lautet: Für wen soll etwas vereinfacht werden?

- Gefundene Ideen müssen genau betrachtet werden. Ist es „nur" eine neue Idee, die zwar gut ist, jedoch nichts einfacher macht? Oder ist es wirklich eine Vereinfachungsidee?

- Unterschiedliche Strategien können zum gleichen Ziel führen: Auf die Vereinfachungsidee, in ein Einkaufswagengestell statt des klassischen Gitterkorbs eine mitgebrachte Nylontasche einzuspannen, könnte man mit zwei Strategien kommen – zum einen mit der Strategie *Grundlegendes wegdenken* oder mit der Strategie *Konzept übertragen*.

- Oft muss im Sinne der Einfachheit auf Funktionalitäten verzichtet werden, die gut sind, etwas aber komplizierter machen. Hier ist die Frage: Gewinnt man durch die Einfachheit mehr, als durch die Abstriche verloren geht?

- Die Strategien *Module und kleine Einheiten bilden* und *Masse und Ausnahmen separieren* sind unterschiedlich. Im ersten Fall werden eher Produkte betrachtet, wohingegen im zweiten Fall Prozesse im Mittelpunkt der Vereinfachung stehen.

- Die zwei Strategien *Funktionen/Elemente kombinieren* und *Nutzen hinzufügen* scheinen auf den ersten Blick gleich zu sein. Das sind sie aber nicht. Beim Kombinieren werden zwei oder mehr jeweils selbstständig funktionierende Objekte zu einem neuen vereint. Beim Hinzufügen wird einem bestehenden Objekt ein Element oder eine Funktion hinzugefügt, welches für sich alleine keine wesentliche Funktion besitzt.

- Vielleicht sind Sie nach dem Lesen des Buchs der Meinung, dass noch weitere Strategien denkbar sind oder dass man zwei Strategien auch zusammenfassen könnte. Gut möglich. Die aufgeführten Strategien sind nicht abschließend formuliert. Im Sinne einer optimalen Verständlichkeit haben wir uns auf fünf Prinzipen und 14 Strategien festgelegt. Vielleicht finden Sie weitere Prinzipien und Strategien.

Übersicht der Einsatzmöglichkeiten aller Strategien

Prinzip	Strategien	Produkte	Dienst-leistungen/ Prozesse	Geschäfts-modelle
Restrukturieren	Neue Ordnung schaffen	✳ ✳	✳ ✳ ✳	✳ ✳ ✳
	Module und kleine Einheiten bilden	✳ ✳ ✳	✳ ✳	✳ ✳
	Masse und Ausnahmen separieren	✳ ✳ ✳	✳ ✳ ✳	✳ ✳ ✳
Weglassen	Vergangenheit betrachten	✳ ✳ ✳	✳ ✳ ✳	✳ ✳ ✳
	Tätigkeiten delegieren	✳ ✳	✳ ✳ ✳	✳
	Funktionen/Elemente streichen	✳ ✳ ✳	✳	✳ ✳
Ergänzen	Funktionen/Elemente kombinieren	✳ ✳ ✳	✳ ✳ ✳	✳ ✳
	Nutzen hinzufügen	✳ ✳ ✳	✳ ✳	✳
	Funktionen/Elemente verstecken	✳ ✳ ✳	✳	✳
Ersetzen	Grundlegendes wegdenken	✳ ✳ ✳	✳ ✳ ✳	✳ ✳ ✳
	Dimension verändern	✳ ✳ ✳	✳	✳
	Konzept übertragen	✳ ✳ ✳	✳ ✳	✳ ✳
Wahr-nehmen	Zeit verkürzen	✳	✳ ✳ ✳	✳ ✳
	Bekanntes übernehmen	✳ ✳ ✳	✳ ✳ ✳	✳ ✳ ✳

Übersicht aller Definitionen

1. Restrukturieren

Definition

Eine Reihenfolge oder Zusammensetzung wird geändert, Teilschritte oder Funktionen werden neu gegliedert oder Prioritäten neu gestaltet.

Neue Ordnung schaffen

Bestehende Elemente oder Funktionen werden in der Anordnung oder Prozessfolge überprüft und neu geordnet.

Module und kleine Einheiten bilden

Einheiten werden gezielt zu Modulen zusammengefasst oder in kleinere Einheiten zerlegt.

Masse und Ausnahmen separieren

Es wird nach der Häufigkeit im Prozess oder der Nutzung einer Funktion unterschieden.

2. Weglassen

Definition

Etwas, das nicht (mehr) gebraucht wird und keinen oder wenig Mehrwert bietet, ersatzlos streichen.

Vergangenheit betrachten

Prüfen, ob Dinge, die früher gültig waren, es auch heute noch sind.

Tätigkeiten delegieren

Was durch Übertragen an eine andere Stelle vereinfacht werden kann, wird ausgelagert.

Funktionen/Elemente streichen

Bestehende Elemente oder Funktionen werden auf ihre Notwendigkeit hin geprüft und gegebenenfalls wird darauf verzichtet.

3. Ergänzen

Definition

Elemente, Funktionen oder Teilschritte werden zusammengefügt oder integriert.

Funktionen/Elemente kombinieren

Zwei oder mehr Funktionen oder Elemente werden kombiniert.

Nutzen hinzufügen

Eine bestehende Lösung wird um ein Element oder eine Funktion ergänzt.

Funktionen/Elemente verstecken

Es wird etwas ergänzt, sodass die Funktionen nur bei Bedarf sichtbar oder nur die wichtigsten direkt verfügbar sind.

---

4. Ersetzen

Definition

Etwas Bestehendes durch etwas Neues auswechseln.

Grundlegendes wegdenken

Elemente oder Funktionen, die heute wichtig sind, werden vorübergehend gestrichen.

Dimension verändern

Die Veränderung einer oder mehrerer Dimensionen – die Dimension kann dabei physischer oder zeitlicher Natur sein.

Konzept übertragen

Was ist die Funktion und welche alternativen Lösungen lassen sich daraus ableiten?

5. Wahrnehmen

Definition

Kurzweiligkeit erzeugen und Bekanntes verwenden.

Zeit verkürzen

Prozesse zeitlich verkürzen oder das Gegenüber in der Zwischenzeit beschäftigen.

Bekanntes übernehmen

An Bekanntes oder Bestehendes anknüpfen.

Vorschlag für einen CSO

Neben dem Six Sigma Black Belt, der Qualitätsmanagerin und dem Kaizen Manager sollte in jedem Unternehmen auch die Stelle des Chief Simplicity Officer (CSO) geschaffen werden. Diese Person ist dafür verantwortlich, dass eine Einfachheitskultur etabliert wird – und dafür müssen Rahmenbedingungen, Strukturen und Prozesse für einfache Produkte, Dienstleistungen und Prozesse geschaffen werden.

Die Mitarbeiter haben die Aufgabe, Bestehendes zu vereinfachen und Neues einfach zu gestalten. Wichtig ist, dass diejenigen, die mit dieser Aufgabe betraut werden, ein fundiertes Verständnis des entsprechenden Aufgabengebiets haben. Sonst besteht die Gefahr, dass das Falsche vereinfacht wird.

Das Thema Einfachheit eignet sich hervorragend als ein Lead-Thema im internen Vorschlagswesen. Nicht nur neue Ideen oder Verbesserungen sollen dabei aufgeführt werden, sondern auch konkrete Vorschläge zur Vereinfachung!

Stellen Sie sich einfach einmal vor, wie viele Kosten durch einfachere Prozesse eingespart werden können und wie viel Mehrumsatz durch einfache Produkte und Dienstleistungen erwirtschaftet werden könnten. Eigentlich erstaunlich, dass es den CSO noch nicht gibt, oder?

Literatur

Vereinfachung allgemein
Colborne, Giles: Simple and Usable, 2011

De Bono, Edward: Simplicity, Penguin Books, London 1990

Gottlieb Duttweiler Institut: Trendradar 1.10; Eine neue Einfachheit, Rüschlikon/Zürich 2010

Hartschen, Michael/Scherer, Jiri/Brügger, Chris: Innovationsmanagement. Die 6 Phasen von der Idee zur Umsetzung, GABAL, Offenbach 2009

Helfrich, Christian: Das Prinzip Einfachheit, Reduzieren Sie die Komplexität, Expert Verlag, Renningen 2009

Maeda, John: Simplicity: Die zehn Gesetze der Einfachheit, Springer, Heidelberg 2007

Schwarz, Barry: The Paradox of Choice: Why More Is Less, Ecco, NewYork 2004

Komplexität, Problemerkenntnis
Trommsdorff, Volker/Steinhoff, Fee: Innovationsmarketing, Verlag Franz Vahlen, München 2007

Produktion, Prozessoptimierung
Panskus, Gero/Fuchs, Thomas/Mählck, Heiner: Zukunftssicher produzieren: visualisierte Grundsätze für ein neues Denken und Handeln

im Produktionsunternehmen, 2. Aufl., Verlag TÜV Rheinland, Köln/ Vdf, Zürich 1995

Beispiele für Weltprodukte, die vereinfachten

Freeman, Allyn/Golden, Bob: Post-it, Pampers, Melitta & Co. 50 Produkte, die die Welt eroberten, Midas Management Verlag, Zürich 1997

Dienstleistungen

Bruhn, Manfred/Stauss, Bernd: Dienstleistungsinnovationen, Forum Dienstleistungsmanagement, Gabler Verlag, Wiesbaden 2004

Bildnachweis

Seite 53   (Weinflasche): Fotolia: Weinflasche mit Korken © RRF
              #25716765
Seite 53   (Autoschlüssel): Fotolia: 3D Autoschlüssel Schwarz – frei-
              gestellt © styleuneed #22047917
Seite 58   (Barcode): Fotolia: barcode © vladislav susoy #4485177
Seite 58   (Onlinebanking): Fotolia: online banking © Falko Matte
              #1888271
Seite 59   (Flugticket): Fotolia: Flugticket © Torsten Rauhut
              #20579697
Seite 59   (Lieferant): Mit freundlicher Genehmigung von Migros Le
              Shop
Seite 65   (Telefon): Fotolia: Seniorentelefon/Handy © mariok1979
              #25110667
Seite 65   (Flugzeug): Fotolia: Flugzeug Innen #01 © DREIDE-
              SIGN.com #16278541
Seite 66   (Suchmaschine): Fotolia: Search © Spacemanager
              #13232609
Seite 66   (Netbook): Fotolia: weißes Netbook © Pelz #24583623
Seite 68   (Tastatur): Fotolia: © JackF #24185098
Seite 74   (Multifunktionsgerät): Fotolia: Kopierer © André Wiß-
              brock #21480514
Seite 74   (Frau mit Laptop): Fotolia: junge Frau mit Laptop
              © Christian Schwier #8600697
Seite 75   (Notruf): Fotolia: button notruf © LaCatrina #8734311
Seite 76   (Mobiltelefon mit Kamera): Fotolia: Handycamera
              © Heidrun Lutz #7495769
Seite 76   (Staumeldung): Fotolia: Stau © Stephanie Bandmann
              #23885662
Seite 77   (Einkaufswagen): Fotolia: einkaufswagen © Frank-Peter
              Funke #1244222
Seite 77   (Öl): Fotolia: massageöl © Hannes Eichinger #2980163
Seite 83   (Klebeband): Fotolia: Buntes Klebeband © Birgit Reitz-
              Hofmann #29001058
Seite 84   (Fahrradkette): Fotolia: Kettenritzel bei einem Rennrad
              © Sven Furrer #10660619

Stichwortverzeichnis

Die Autoren

Chris Brügger studierte Hotelmanagement in Luzern und absolvierte ein Nachdiplomstudium in Qualitätsmanagement. Er leitet Kreativitätsseminare in Deutsch und Englisch für BWI Management Weiterbildung der ETH Zürich, moderiert Innovationsworkshops und hält interaktive Referate zum Thema „Business Creativity". Er ist Autor mehrer Fachartikel zum Thema kreatives Denken und Innovation und Mitautor des Buchs „Innovationsmanagement – Die 6 Phasen von der Idee zur Umsetzung", das im gleichen Verlag erschienen ist. Er ist Partner der Denkmotor GmbH.
www.denkmotor.com
chris.bruegger@denkmotor.com

Dr. Michael Hartschen studierte Maschinenbau an der Universität Stuttgart. Er promovierte am BWI der ETH Zürich im Fachgebiet Innovations- und Technologiemanagement. Er ist Gründer der Brain Connection GmbH und hat über 10 Jahre Erfahrung als selbstständiger Coach und Berater im Themenumfeld von Innovationen, Technologie, Produktentwicklung und Business Development. Als Dozent an Fachhochschulen, Referent von Vorträgen und Autor von

Fachartikeln über Innovationsmanagement entwickelt er das Thema Innovation aktiv weiter. Er ist Mitautor des Buchs „Innovationsmanagement – Die 6 Phasen von der Idee zur Umsetzung".
www.brainconnection.ch
m.hartschen@brainconnection.ch

Jiri Scherer studierte Betriebswirtschaft und absolvierte ein Master of Advanced Studies in Innovation Engineering. Er hat mehrjährige Erfahrung in der Moderation von Innovationsworkshops und der Durchführung von Kreativitätstrainings. Er ist Autor des Buchs „Kreativitätstechniken – In 10 Schritten Ideen finden, bewerten, umsetzen", und Mitautor des Buchs „Innovationsmanagement – Die 6 Phasen von der Idee zur Umsetzung" (beide im GABAL Verlag erschienen). Er ist zertifizierter Trainer von de Bono's Six Thinking Hats und Partner der Denkmotor GmbH in Zürich.
www.denkmotor.com
jiri.scherer@denkmotor.com

Business-Bücher für Erfolg und Karriere

Gitte Härter
Nerv nicht!
ISBN 978-3-86936-064-5
€ 17,90 (D) / € 18,50 (A) /
sFr 27,90

Jürgen Kurz
Für immer aufgeräumt
ISBN 978-3-89749-735-1
€ 19,90 (D) / € 20,50 (A) /
sFr 30,50

I. Moser-Will, I. Grube
Denkspiele
ISBN 978-3-86936-013-3
€ 19,90 (D) / € 20,50 (A) /
sFr 30,50

Annette Kessler
Vom Small Talk zur Konversation
ISBN 978-3-86936-119-2
€ 17,90 (D) / € 18,50 (A) /
sFr 27,90

Lars Baus
E-Mail-Flut statt Büffeljagd
ISBN 978-3-86936-122-2
€ 17,90 (D) / € 18,50 (A) /
sFr 27,90

Tomas Bohinc
Grundlagen des Projektmanagements
ISBN 978-3-86936-121-5
€ 17,90 (D) / € 18,50 (A) /
sFr 27,90

Svenja Hofert
Die 100%-Bewerbung
ISBN 978-3-86936-125-3
€ 17,90 (D) / € 18,50 (A) /
sFr 27,90

Stefan Gottschling
Einfach besser texten
ISBN 978-3-86936-126-0
€ 17,90 (D) / € 18,50 (A) /
sFr 27,90

Renate Söffing
Kiss your Ideas!
ISBN 978-3-86936-131-4
€ 17,90 (D) / € 18,50 (A) /
sFr 27,90

Anouk Scherer
Authentisch Präsent Charismatisch
ISBN 978-3-86936-123-9
€ 17,90 (D) / € 18,50 (A) /
sFr 27,90

Christian Görtz
Mehr Umsatz durch Marketing-Kooperationen
ISBN 978-3-86936-124-6
€ 17,90 (D) / € 18,50 (A) /
sFr 27,90

Anita Hermann-Ruess
Highlight-Rhetorik
ISBN 978-3-86936-120-8
€ 17,90 (D) / € 18,50 (A) /
sFr 27,90

Weitere Informationen finden Sie unter www.gabal-verlag.de

GABAL: Ihr „Netzwerk Lernen" – ein Leben lang

Ihr Gabal-Verlag bietet Ihnen Medien für das persönliche Wachstum und Sicherung der Zukunftsfähigkeit von Personen und Organisationen. „GABAL" gibt es auch als Netzwerk für Austausch, Entwicklung und eigene Weiterbildung, unabhängig von den in Training und Beratung eingesetzten Methoden: GABAL, die **G**esellschaft zur Förderung **An**wendungsorientierter **B**etriebswirtschaft und **A**ktiver **L**ehrmethoden in Hochschule und Praxis e.V. wurde 1976 von Praktikern aus Wirtschaft und Fachhochschule gegründet. Der Gabal-Verlag ist aus dem Verband heraus entstanden. Annähernd 1.000 Trainer und Berater sowie Verantwortliche aus der Personalentwicklung sind derzeit Mitglied.

Die Mitgliedschaft gibt es quasi ab 0 Euro!
Aktive Mitglieder holen sich den Jahresbeitrag über geldwerte Vorteil zu mehr als 100% zurück: Medien-Gutschein und Gratis-Abos, Vorteils-Eintritt bei Veranstaltungen und Fachmessen. **Hier treffen Sie Gleichgesinnte, wann, wo und wie Sie möchten:**

- Internet: Aktuelle Themen der Weiterbildung im Überblick, wichtige Termine immer greifbar, Thesen-Papiere und gesichertes Know-how in form von White-papers gratis abrufen
- Regionalgruppe: auch ganz in Ihrer Nähe finden Treffen und Veranstaltungen von GABAL statt – Menschen und Methoden in Aktion kennen lernen
- Jahres-Symposium: Schnuppern Sie die legendäre „GABAL-Atmosphäre" und diskutieren Sie auch mit „Größen" und „Trendsettern" der Branche.

Über Veröffentlichungen auf der Website (Links, White-papers) steigen Mitglieder „im Ansehen" der Internet-Suchmaschinen.
Neugierig geworden? Informieren Sie sich am besten gleich!

Lernen Sie das Netzwerk Lernen unverbindlich kennen.
Die aktuellen Termine und Themen finden Sie im Web unter **www.gabal.de.**
E-Mail: info@gabal.de.

Telefonisch erreichen Sie uns per 06132.509 50-90.

„Es ist viel passiert, seit Gründung von GABAL: Was 1976 als Paukenschlag begann, ... wirkt weit in die Bildungs-Branche hinein: Nachhaltig Wissen und Können für künftiges Wirken schaffen ..."
(Prof. Dr. Hardy Wagner, Gründer GABAL e.V.)